Salem Samhoud, Hans van der Loo, Jeroen Geelhoed

Lust & Leistung

Salem Samhoud, Hans van der Loo, Jeroen Geelhoed

Lust & Leistung

*Mitarbeiter motivieren
in schwierigen Zeiten*

Deutsch von Anne-Mareike Schol-Wetter

WILEY-VCH Verlag GmbH & Co. KGaA

Bibliografische Information
Der Deutschen Bibliothek
Die Deutsche Bibliothek verzeichnet diese Publikation in der Deutschen Nationalbiografie: detaillierte biografische Daten sind im Internet über <http://dnb.ddb.de> abrufbar.

Die niederländische Originalausgabe erschien 2003 bei Academic Service, Den Haag, unter dem niederländischen Titel: *Plezier & prestatie. Hét managementprincipe voor organisaties.* All rights reserved. Authorized translation from the Dutch language edition published by Academic Service, Den Haag. © 2001 by Salem Samhoud, Hans van der Loo, Jeroen Geelhoed
Die spanische Ausgabe erschien 2005 bei LID, Madrid, unter dem Titel: *Ilusión y Beneficios.*

1. Auflage 2005

© 2005 WILEY-VCH Verlag GmbH & Co. KGaA, Weinheim

Gedruckt auf säurefreiem Papier

Printed in the Federal Republic of Germany

Satz DTP-Studio Michael Bechtold, Mörlenbach
Druck und Bindung Ebner & Spiegel GmbH, Ulm
Umschlaggestaltung init GmbH, Bielefeld

ISBN-13: 978-3-527-50138-0
ISBN-10: 3-527-50138-X

Inhalt

Lust & Leistung, Salem Samhoud, Hans van der Loo, Jeroen Geelhoed
Copyright © 2005 WILEY-VCH Verlag GmbH & Co. KGaA, Weinheim
ISBN: 3-527-50138-X

Vorwort

Nach der niederländischen und der spanischen Ausgabe erscheint *Lust & Leistung* jetzt auch in Deutsch. Das freut uns sehr, da sich gezeigt hat, dass unser Buch Managern tatsächlich etwas bringt. Ein Rezensent schrieb einmal:»Da nachhaltig bewiesen wird, dass Lust und Leistung viel miteinander zu tun haben, hat sich meine Meinung über Management geändert.« Da das Buch in den Niederlanden und in Spanien so gut ankam, lässt uns dies natürlich auch von Deutschland große Dinge erwarten. Die deutschen Manager haben den Ruf, äußerst ernsthaft, präzise, rational und strukturiert zu arbeiten. In den drei Jahren, die wir nun in Deutschland tätig sind, haben wir allerdings auch eine andere Seite von Deutschland kennen gelernt. Dazu später mehr, denn zuerst möchten wir kurz darauf eingehen, warum wir uns mit unserer Unternehmensberatung &Samhoud in Deutschland niedergelassen haben.

Vor einigen Jahren wurden wir von einem großen deutschen Unternehmen beauftragt, ein neues Leitbild zu entwickeln. Da Authentizität einer unserer Grundwerte ist, erschienen wir wie gewohnt ohne Krawatte. Der Assistent des Vorstandsvorsitzenden, der für die Auswahl des am besten geeigneten Beratungsbüros verantwortlich war, hatte unser Unternehmen empfohlen.»Wer den Mut hat, bei so einem wichtigen Pitch ohne Krawatte aufzutauchen, traut sich auch, unseren Vorstandsvorsitzenden von etwas zu überzeugen«, meinte er. Der Vorstandsvorsitzende, ein Mathematiker, hatte bereits verstanden, dass es bei der Führung eines Unternehmens um zwei Dinge geht: Verstand *und* Gefühl. Oder, wie der amerikanische Experte für Changemanagement, John Kotter, sagt:»Organisationen ändert man nicht dadurch, dass man alle Schritte *durchdenkt* und *analysiert*, sondern vor allem dadurch, dass man sie *sieht* und *fühlt*.« Kurzum, wir bekamen den ersten Auftrag in Deutschland, und weitere Aufträge folgten. Seitdem reisen wir durch ganz Deutschland.

Was fällt uns an der Zusammenarbeit mit deutschen Managern und Mitarbeitern auf? Die Deutschen machen sich viel kleiner als nötig. Der Behauptung, dass sich in Deutschland einiges ändern müsste, stimmen wir zu. Wir wissen nur allzu gut, dass es schwer fällt, sich wie Münchhausen an den eigenen Haaren aus dem Sumpf zu ziehen. Trotzdem denken wir, dass die Deutschen sich momentan zu schlecht einschätzen. Außerdem ist uns aufgefallen, dass sich unter der harten Sachlichkeit deutscher Manager ein weicher Kern befindet. Wir brauchen deshalb eine emotionale Revolution! Es wird Zeit, dass die »Mimofanten« wachgerüttelt werden. Das sind Menschen, die so sensibel wie Mimosen sind und gleichzeitig wie Elefanten mit Gefühlen umgehen. An der Schale erkennt man ihre Gefühle nicht, obwohl sie im Kern sicherlich vorhanden sind.

Dieses Buch zeigt Ihnen, wie Sie rational mit Lust und emotional mit Leistung umgehen können. Wir hoffen, dass deutsche Manager sich damit selbst aus dem Sumpf ziehen können, damit Deutschland sowohl auf wirtschaftlicher wie auch auf emotionaler Ebene der Motor des zukünftigen Europas wird. Sehen Sie die deutsche Ausgabe von *Lust & Leistung* als eine Art Nachbarschaftshilfe.

Obwohl nur die Namen der Autoren auf dem Umschlag stehen, heißt das natürlich nicht, dass wir uns während des Schreibens von der Außenwelt abgeschottet hätten. Ganz im Gegenteil: Wir sind froh und dankbar, Teil einer Gruppe von tatkräftigen, fachlich versierten und vor allem auch sympathischen Menschen zu sein. Ohne andere vernachlässigen zu wollen, danken wir Professor Jim Heskett, Professor John Kotter und Professor Tom DeLong von der Harvard Business School, Professor Leonard Schlesinger (Limited Brands), Professor Martin Wetzels (TU Eindhoven), Professor Luis Huete (IESE Business School Barcelona) und Professor Manfred Kets de Vries (Insead) für ihre Zeit und ihre Erkenntnisse. Auch denen, die das Prinzip Lust & Leistung in ihrem Unternehmen verwirklicht haben, wollen wir danken: unter anderem Herrn Evert Schaftenaar (Fortis), Frau Helen de Jong (Nederlandse Spoorwegen), Herrn Marco Keim (Swiss Life) und Frau Marisa Clares i Martinez (Barcelona de Serveis Municipals). Außerdem bedanken wir uns bei Herrn Winfried Spies (CosmosDirekt), Herrn Doktor Walter Thießen, Herrn Volker Behm und ganz besonders bei Herrn Friedrich-Carl Schmitt (alle AMB Generali). Herr Schmitt hat durch seinen italienischen und deutschen Hintergrund einen weltoffenen Blick und konnte dadurch sowohl bei rationalen als auch bei emotionalen Aspekten Hilfe leisten. Zuletzt danken wir unseren Kollegen bei &Samhoud, vor allem Wouter van Daalen, Nurdogan Hamurçu und Rosanne de Koning (unseren Spezialisten auf dem Gebiet Lust & Leistung) und Anne-Mareike

Schol-Wetter, die das Buch ins Deutsche übersetzt hat. Vielen Dank für Ihre Arbeit! Mehr über uns erfahren Sie auf unserer Internetseite www.lustundleistung.de. Wenn Sie Fragen haben oder Kontakt mit uns aufnehmen möchten, senden Sie eine E-Mail an s.samhoud@samhoud.nl, h.vanderloo@samhoud.nl oder j.geelhoed@samhoud.nl.

Wir wünschen Ihnen viel Vergnügen beim Lesen!

Utrecht, im Dezember 2004   *Salem Samhoud, Hans van der Loo* und
Jeroen Geelhoed

Einleitung

Auf der Suche nach dem persönlichen Glück hat Arbeit schon immer eine wichtige Rolle gespielt. Ein chinesisches Sprichwort besagt, dass das Rezept für Glück aus jemandem, den man lieben, etwas, worauf man hoffen, und etwas, das man tun kann, besteht. Arbeit wird also immer als Teil der Zauberformel für Glück betrachtet. Stimmt denn das überhaupt? Gerade beim Thema Arbeit werden viele eher die Nase rümpfen, denn Arbeit hat schließlich schon seit Jahrhunderten einen schlechten Beigeschmack. Die griechische Sage von Sisyphus können Sie heute mit unserem negativen Verhältnis zur Arbeit vergleichen. König Sisyphus musste immer wieder denselben Felsbrocken auf einen Berg rollen, nur um danach sehen zu müssen, wie dieser wieder ins Tal rollte. So gesehen scheint Arbeit eher eine schwere Strafe zu sein und nichts, was Glück und Zufriedenheit verspricht.

Trotzdem können wir verschiedene Gründe dafur anführen, dass Arbeit doch zu den Glücksfaktoren zählt. Unsere Arbeit bestimmt zu einem Großteil unser Selbstbild, unsere Identität. Die Frage »Wer bin ich?« wird oft mit einer Beschreibung dessen, was man tut, beantwortet. Es ist unser »Fingerabdruck in der Welt«. Viele schöpfen auch ein Stück Zufriedenheit aus ihrer Arbeit, weil sie etwas Sinnvolles tun oder bei anderen im Ansehen steigen. Zudem haben immer mehr Menschen Spaß an ihrer Arbeit. Sie können sich in ihrer Arbeit entfalten und sind stolz auf das, was sie leisten. Denn Arbeit ist in den letzten Jahrzehnten nicht nur zeitaufwändiger und anspruchsvoller geworden, sondern sie macht vor allem auch mehr Spaß.

Letzteres müssen wir allerdings genauer erklären. Die Arbeitsbedingungen des heutigen »Wissensarbeiters« sind zwar vielleicht sehr viel besser als die langweiligen Fließbandtätigkeiten des Industriearbeiters in der Vergangenheit, doch auch unser heutiges Arbeitssystem hat so einige Schattenseiten: mangelnde Autonomie, erstickende Organisationsstrukturen, Stress als Folge von Überlastung oder Unsicherheit, Mobbing am Arbeitsplatz. Das sind nur einige Beispiele aus der endlosen Reihe von negativen Assoziationen mit dem Begriff »Arbeit«.

Lust & Leistung, Salem Samhoud, Hans van der Loo, Jeroen Geelhoed
Copyright © 2005 WILEY-VCH Verlag GmbH & Co. KGaA, Weinheim
ISBN: 3-527-50138-X

So heißt es seit einigen Jahren wieder, dass der Spaß vorläufig vorbei sei und dass es bei den schlechter werdenden Umständen vor allem um Leistung gehe. So sagte vor kurzem ein Manager, dass die Manager ihre Mitarbeiter nicht mehr verhätscheln dürfen, sondern sie wieder ackern lassen müssen. Diese Weisheit verkündete er mit einem Augenzwinkern. Dies zeigt, dass er dieser Entwicklung sehr wohlwollend gegenüber steht. Das Fest ist zu Ende, es wird Zeit, sich wieder auf die Hinterbeine zu stellen. So kann man diese Haltung beschreiben. Obwohl sie an unseren gesunden Verstand appelliert, geht sie von der falschen Annahme aus, dass Lust und Leistung einander ausschließen. Bei Lust und Leistung geht es nicht um ein Nullsummenspiel, wobei beim einen Gewinn unwiderruflich beim anderen Verlust zur Folge hat. Im Gegenteil: Lust und Leistung können in der Praxis nicht nur gut nebeneinander bestehen, sie stärken sich auch noch gegenseitig. So zeigen Nachforschungen bei erfolgreichen Firmen, dass ihr Erfolg gefördert wird, wenn Mitarbeiter und Manager gerne arbeiten. Diese Regel trifft nicht nur in guten, sondern auch in schlechten Zeiten zu. Anscheinend ist das Verhältnis zwischen Lust und Leistung ein Managementthema, das uns noch lange beschäftigen wird.

Positionierung und Ziel dieses Buches

In letzter Zeit sind verschiedene Bücher zum Thema »Freude und Erfolg bei der Arbeit« erschienen. Sie werden sich also fragen, was der Mehrwert dieses Buches ist oder in welcher Beziehung es zu den »Ergüssen« anderer Autoren steht. Um den Stellenwert dieses Buches gegenüber den anderen Titeln zu verdeutlichen, haben wir eine Übersicht in Form einer Matrix entworfen (vgl. Abbildung 1). Natürlich kann diese Übersicht nicht die gesamte Bandbreite der erschienenen Bücher zu unserem Thema widerspiegeln, aber sie vermittelt einen guten Gesamteindruck.

Die Matrix wird durch zwei Achsen in vier Quadranten aufgeteilt. Die horizontale Achse zeigt an, ob das Buch sich eher an einzelne Personen (»Wie erzeuge ich *für mich persönlich* mehr Freude und Erfolg?«) oder an Organisationen (»Wie erreichen wir *als Organisation* mehr Freude und Erfolg?«) richtet. Die Extrempunkte der vertikalen Achse heißen *Think* und *Feel* (Verstand und Gefühl). Sie zeigen auf, dass der Autor einen eher rationalen Ausgangspunkt gewählt hat (»Was wirft es ab, was kann ich hier

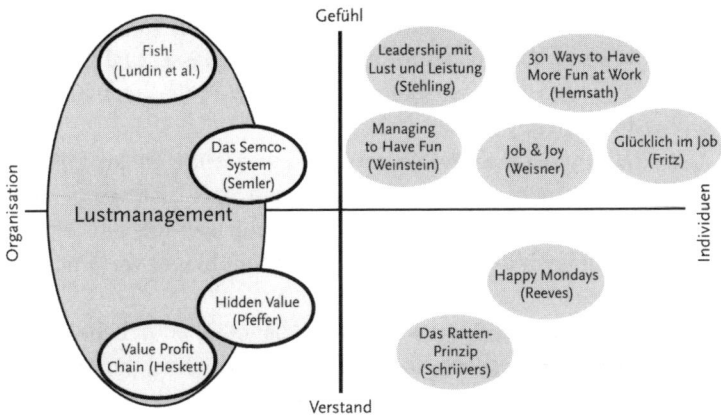

Abbildung 1: Stellenwert dieses Buches im Vergleich zu ähnlichen Titeln

rausholen?«) oder eben einen Ausgangspunkt, der das Wohlbefinden anspricht (»Wie fühlt es sich an?«).

Die mit Abstand meisten Bücher über Arbeit und Freude befinden sich im rechten, oberen Quadranten: Sie beschäftigen sich mit dem Wohlbefinden einzelner Menschen. Dazu zählen beliebte Managementbücher von amerikanischen Autoren mit einem hohen »Spaß-Faktor« wie zum Beispiel Dave Hemsath (*301 Ways to Have More Fun at Work*) und Matt Weinstein (*Managing to Have Fun*), aber auch ernsthaftere Coachingbücher von deutschen Autoren wie zum Beispiel Jörg Weisner (*Job & Joy*), Hannelore Fritz (*Glücklich im Job*) und Wolfgang Stehling (*Leadership mit Lust und Leistung*). Im Quadranten rechts unten befindet sich das eher zynisch-machiavellistische Buch des niederländischen Autors Joep Schrijvers (*Das Ratten-Prinzip*). Aber auch Bücher über Karriereplanung und -kontrolle, wie zum Beispiel das des Briten Richard Reeves (*Happy Mondays. Putting the Pleasure Back Into Work*) befinden sich in diesem Quadranten. Es gibt nur wenige Bücher über Freude und Wohlbefinden in Unternehmen. Auf der Feel-Seite im Quadranten links oben steht das Buch *Fish! Ein ungewöhnliches Motivationsbuch* von Stephen Lundin et al. Etwas ernsthafter, aber immer noch auf das Gefühl von Freiheit und Wohlbefinden gerichtet, sind die Bücher des Brasilianers Ricardo Semler (*Das Semco-System, Management ohne Manager* und vor allem *The Seven-Day Weekend*). Auf der Think-Seite im Quadranten links unten befinden sich eher wissenschaftliche Studien, in denen das Thema Arbeitsfreude meist nur indirekt behandelt wird, wie zum Beispiel in *The Value Profit Chain* der Harvard University-Professoren Heskett, Sasser und Schlesinger, oder *Hidden Value* der Stanford University-Professoren Charles O'Reilly III und Jeffrey Pfeffer.

Lust & Leistung beschäftigt sich mit Lust und Leistung in Organisationen und steht also links von der horizontalen Achse. Lustmanagement hat nämlich sowohl mit Wohlbefinden als auch mit konkreten Resultaten zu tun, mit Wohlbefinden und Wohlfahrt, mit Gefühl und Verstand, mit Think und Feel.

Die Position von *Lust & Leistung* wird in Abbildung 1 durch die große, dunkle Fläche wiedergegeben. Das bedeutet, dass das Buch für Manager verfasst wurde, für Menschen, die genug Einfluss haben, um eine Organisation zu schaffen, in der Menschen zu ihrem Recht kommen, so dass auch die Organisation zu ihrem Recht kommt und für Manager, die selbst Freude an ihrer Arbeit haben (möchten) und die Hilfestellungen suchen, um eine Kultur von Lust und Leistung in ihrer eigenen Organisation zu realisieren.

Damit kommen wir direkt zum Ziel dieses Buches, nämlich Manager davon zu überzeugen und zu inspirieren, erfolgreiche, humane Organisationen zu schaffen, wobei die Lücke zwischen Potenzial und Performance der Menschen innerhalb der Organisation geschlossen wird.

Der Aufbau des Buches

Aus diesen Erkenntnissen können wir einige Fragen ableiten, die uns beim Schreiben dieses Buches beschäftigt haben. Welcher Zusammenhang besteht zwischen Lust und Leistung? Gibt es dafür historische und gesellschaftliche Hintergründe? Wie stark ist der Zusammenhang zwischen Freude an der Arbeit und dem Erbringen von organisatorischen Leistungen? Welche Einflüsse bewirken bei Mitarbeitern Freude an der Arbeit? Und wie schafft man ein erfolgreiches Unternehmen, in dem Lust und Leistung einander die Hand reichen?

Unsere Antwort auf diese Fragen besteht aus drei Teilen. Der erste Teil befasst sich mit der Frage, was Lust mit Leistung zu tun hat. Wir behandeln einige Trends hinsichtlich Arbeitsfreude. Unter anderem werden wir sehen, dass in einer Dienstleistungswirtschaft, oder, noch einen Schritt weiter, in einer Erfahrungs- oder Erlebniswirtschaft die Rolle der Mitarbeiter innerhalb des Dienstleistungsprozesses immer größer und wichtiger wird. Die Auswirkungen von Freude an der Arbeit werden in einem Kapitel vertieft, das sich mit dem Wert von Freude beschäftigt. David Maister (2001) hat in seinem Buch *Practice What You Preach* gezeigt, dass eine Steigerung der Mitarbeiterzufriedenheit um 10 Prozent das finanzielle Resultat um 25 bis 40 Prozent verbessern kann. In unserem Buch werden jedoch noch mehr Fakten und Zahlen aus anderen Untersuchungen aufgeführt. Dies zeigt, dass Lustmanagement nicht nur ein Idealzustand ist, sondern dass es sich, zumindest unter bestimmten Umständen, auch noch lohnt. Diese werden im zweiten Teil des Buches behandelt, der sich mit dem Konzept »Lustmanagement« beschäftigt. Hier erfahren Sie einiges über die Faktoren, die die Freude an der Arbeit beeinflussen, aber auch die Zusammenhänge zwischen Lust- und Performancemanagement. Wir beschreiben, wie Lustmanagement in das Tagesgeschäft eines Unternehmens eingebettet werden kann. Während viele Personalthemen sich ganz klar an die Personalabteilung richten, ist das bei Lustmanagement nicht der Fall. Das Wichtigste an einer Unternehmensorganisation ist schließlich: Werte empfangen durch das Liefern von Werten. Ein Unternehmen liefert Werte an sein Umfeld, seine Kunden, Investoren und Mitarbeiter. Im Idealfall empfängt das Unternehmen gleichzeitig Werte von diesen Stakeholder. Das heißt, aus Werten für Mitarbeiter werden gleichzeitig Werte für Kunden und Teilhaber. Die idealen Personen und Teams, die solche Kombinationen schaffen können, sind die Vorstände und die Führungskräfte. Lustmanagement finden Sie in allen Bereichen einer Organisation: in der Vision, der Strategie, im Marketing, bei der Büroeinrichtung, der persönlichen Entwicklung, in den Steuerungsinformationen und der Kommunikation.

Der dritte Teil beschäftigt sich mit der Person des »Lustmanagers«. Wir gehen auf verschiedene Managertypen ein und zeigen, dass der Typ »sozialer Architekt« sich am besten als Lustmanager eignet, da ein Architekt mehrere unterschiedliche Teile zu einem Ganzen zusammenfügt. So hat auch ein Manager mit mehreren, sehr unterschiedlichen Dingen zu tun. Dazu zählen Mitarbeiter, Systeme, Prozesse, Kunden, Konkurrenz, Vision, das Nutzen von Chancen, Erreichbarkeit, Ethik, Teilhaber, Logik, Ästhetik, Investments, Gewinn oder Verlust. Diese muss der Manager zu einer erfolgreichen Organisation zusammenfügen. Im dritten Teil erstellen wir eine Checkliste, die gleichzeitig zum Nachdenken anregen soll. Anhand dieser Checkliste können Sie ermitteln, welche Eigenschaften ein Manager benötigt, um Lustmanagement in einer Organisation erfolgreich einführen zu können. Und da man sich dies in der Praxis sehr schlecht vorstellen kann, schließen wir das Ganze mit einem konkreten Fall ab.

Anstatt dieses Buch an einem Stück durchzulesen, raten wir Ihnen, regelmäßig kurz innezuhalten, das Buch wegzulegen und über das Gelesene nachzudenken. In den Abschnitten »Stellen Sie sich die folgenden Fragen« schließen wir jedes Kapitel mit einigen kurzen Fragen ab, um Sie zum Nachdenken anzuregen.

Teil 1
Was Lust mit Leistung zu tun hat

1
Warum Freude an der Arbeit so viel Aufmerksamkeit geschenkt wurde

Sie: »*Wo arbeiten Sie?*«
Er: »*Ich arbeite in einem Betrieb,*
der Kronkorken herstellt, aber das ist
weniger aufregend, als es klingt.«

Von damals bis heute –
Die Bedeutung des Begriffs Arbeit

»Heigh-ho, heigh-ho, it's off to work we go!«, so singen die Zwerge aus dem berühmten Disney-Klassiker *Schneewittchen*. Ein schöner Traum, der aber mit der Wirklichkeit meist wenig zu tun hat. Im Alltag wird schließlich vorausgesetzt, dass der Mensch im »Schweiße seines Angesichts« zu arbeiten habe. Arbeit war in unserer westlichen Kultur noch nie hoch angesehen. Arbeiten war immer ein »Muss« – keine Lust. Werte wie Schönheit, Weisheit und Heldentum galten bereits im Altertum als essenziell. Arbeit war etwas, das die herrschende Elite gerne den Sklaven oder Leibeigenen überließ. Es ist kein Zufall, dass sich das Wort »Arbeit« in den germanischen Sprachen von »are bejd« ableitet und eine absolute Notlage bezeichnet, in die diejenigen gerieten, die aus ihrer Sippe verstoßen wurden und an einem anderen Ort ein abhängiges Dasein fristen mussten.

Obwohl der gesellschaftliche Nutzen von Arbeit heute außer Frage steht und Sklaverei und Leibeigenschaft als unmenschliche Formen von Ausbeutung angesehen werden, kann man unsere Wahrnehmung von Arbeit noch immer nicht als besonders positiv bezeichnen. So hatte zum Beispiel Frederick W. Taylor, der die wissenschaftliche Betriebsführung begründete, keine hohe Meinung von Fabrikarbeitern. In seinen Augen waren Arbeiter nicht viel mehr als Ochsen, die die nötige Kraft liefern mussten, um den Produktionsprozess anzutreiben. Indem er die Aufgaben extrem vereinfachte, versuchte er nicht nur die Produktivität zu steigern, gleichzeitig wurden auch Arbeiter auf austauschbare und einfach

Lust & Leistung, Salem Samhoud, Hans van der Loo, Jeroen Geelhoed
Copyright © 2005 WILEY-VCH Verlag GmbH & Co. KGaA, Weinheim
ISBN: 3-527-50138-X

zu ersetzende Hilfsmittel reduziert. Dass ein solches System vielleicht zur Demotivierung der Arbeiter und damit zu einer Unterbrechung des Strebens nach Produktivitätserhöhung führen könnte, wurde weder von Taylor noch von den Unternehmern und Managern, die ihm nachfolgten, erkannt.

In den neunziger Jahren änderte sich dies plötzlich. Arbeit galt nicht länger als notwendiges Übel, sondern wurde immer mehr als *Fun* angesehen. Die Begriffe Spaß, Leidenschaft, Freude und Wohlbefinden eroberten langsam, aber sicher einen Platz im Wortschatz der Manager. Immer häufiger kamen in den Medien Unternehmer zu Wort, die die Wichtigkeit von Freude an der Arbeit unterstrichen. Auffallend viele Betriebe betonten in ihren Werbefilmen die Arbeitsfreude ihrer Arbeitnehmer.

Und es blieb nicht bei schönen Versprechungen: Um sich auch tatsächlich als attraktiver Arbeitgeber zu profilieren, ließen Betriebe immer häufiger »Spaßmacher« anrücken, boten komplett eingerichtete Firmenkneipen, organisierten Reisen für Mitarbeiter in die Sahara, spektakuläre Betriebsfeste und luxuriöse Kurzreisen zu exotischen Zielen, um deren Teamgeist zu fördern.

Um das Leben im Büro so angenehm wie möglich zu gestalten, wurden verschiedenste Dienstleistungen, wie zum Beispiel ein Einkaufsservice, ein Frisör oder ein Masseur angeboten. Bewerber wurden in Stellenanzeigen aufgefordert, sich direkt beim örtlichen BMW- oder Audihändler nach dem passenden Firmenwagen umzusehen. Der neue Mitarbeiter musste sich schließlich sofort wohl fühlen. Immer häufiger arbeiteten Organisationen daran, die Freude und das Wohl bei der Arbeit zu optimieren. Auffälligerweise wurden Lust und Leistung nun nicht mehr als sich gegenseitig ausschließende Größen angesehen. Im Gegenteil: Freude wurde immer mehr als Bedingung, um Leistung erbringen zu können, gesehen – Arbeitslust statt Arbeitsfrust!

Hier stellt sich die Frage, ob es sich um eine Modeerscheinung oder um eine grundlegende Veränderung in unserer Einstellung zu unserer Arbeit handelt. Für beide Positionen können Argumente angeführt werden. Seit Anfang des Jahrtausends stagniert das Wirtschaftswachstum, die fröhlichen neunziger Jahre leben nur noch in unserer Erinnerung. Die Verschlechterung der wirtschaftlichen Situation hat dazu geführt, dass die einseitig aufgefasste »Spaßideologie« in Bedrängnis geriet. Unternehmer, die im Strudel der enorm expandierenden New Economy die Orientierung verloren hatten und plötzlich nicht mehr wussten, wo rechts oder links ist, wurden zur Ordnung gerufen. Ein trauriges Beispiel ist der niederländische Multimedia-Betrieb Magic Minds. Die Niederlassung an der Amsterdamer Herengracht besaß unter anderem eine Bar, ein Yogastudio, ein Restaurant, eine Sauna und einen Dachgarten: ein Vorbild einer Firma, bei der alles möglich ist. Wer keine Lust hatte zu arbeiten, durfte während der Arbeitszeit musizieren oder meditieren. Die Arbeit galt als eine Riesenparty, bei der kein Geld ausgegeben wurde, sondern der Gewinn sogar in Strömen floss – bis die Seifenblase Internet zerplatzte und das Unternehmen genauso schnell pleite war, wie es berühmt geworden war.

In der heutigen Wirtschaftsflaute stehen den Firmen weniger finanzielle Mittel zur Verfügung, um ihren Mitarbeitern etwas Gutes zu tun. Außerdem ist das auch nicht mehr notwendig, denn das Angebot an Arbeitswilligen ist schließlich viel größer als das Angebot an Arbeitsplätzen. Der Ruf nach Genügsamkeit hinsichtlich der Arbeitsbedingungen ist verständlich. Aber ist er auch berechtigt? Soweit es sich um einen Ruf zur Eindämmung der oben genannten Exzesse der New Economy handelt, ist das sicher der Fall. Aber wenn die Ernüchterung zu einem Ziel an sich wird oder, noch schlimmer, wenn es sich dabei um ein reaktionäres Verlangen nach uralten Auffassungen von Arbeitsethos und konservativen Führungsstilen handelt, muss dieser Ruf als Illusion abgetan werden. Die Zeiten haben sich geändert: In der heutigen Dienstleistungswirtschaft, auch als Wissenswirtschaft oder Erlebniswirtschaft bezeichnet, muss das Personal einiges an Motivation und Flexibilität aufbieten, um den sich schnell ändernden Marktbedingungen entgegenzukommen.

Das Streben nach Freude an der Arbeit gilt auch als Vorreiter einer ganz neuen Art und Weise von Arbeiten, die gut zu unserer Kenntnis- und Erlebniswirtschaft passt.

Doppelperspektive Deutschland

Dass die Frage nach der Freude an der Arbeit auch in Deutschland gestellt wird, zeigt unter anderem der Erfolg des Buches *Fish!* von Stephen C. Lundin und seinen Koautoren. Dieses Buch handelt von den Verkäufern auf dem berühmten Pike-Place- Fischmarkt in Seattle. Vor ein paar Jahren war die Existenz dieses Marktes noch unsicher, denn es war eine kalte, glitschige und trostlose Umgebung, die immer mehr Kunden mieden. Als der Tiefpunkt der Krise erreicht war, verbündeten sich einige

Fischverkäufer, um den Markt vor dem sicheren Tod zu retten. Während der vielen Diskussionen taten die Fischverkäufer etwas, das völlig neu für sie war: Sie machten sich Gedanken über ihre Kunden. Wer sind sie, weshalb kommen sie zum Fischmarkt, wie können wir ihnen über das Verkaufen von Fisch hinaus einen zusätzlichen Nutzen bieten? Die Antwort auf diese Fragen war relativ einfach: Wenn man den Kunden ein Extra in Form einer positiven Erfahrung bieten könnte, würde der Kundenstrom schon wieder steigen. Welcher Kunde hat schon Lust, in die griesgrämigen Gesichter der Verkäufer zu schauen, die schon lange nicht mehr an ihr eigenes Produkt glauben und mit ihren Gedanken irgendwo anders sind? Die Fischverkäufer beschlossen, den Markt zu einem Erlebnis zu machen. Und sie hatten Erfolg: Wer jetzt den Fischmarkt besucht, spürt die energiegeladene Atmosphäre. Die Fischverkäufer verkaufen nicht nur Fische, sondern sie strahlen ein solches Engagement und eine solche Begeisterung bei der Arbeit aus, dass sich diese Freude auf die Besucher und Kunden überträgt. Die Menschen kommen nicht nur zum Pike-Place-Fischmarkt, um Fisch zu kaufen, sondern auch, um sich in der Mittagspause zu entspannen oder um sich zu amüsieren. Die Verkäufer beziehen ihre Kunden aktiv in das Verkaufsgeschehen ein, sind für wenige Augenblicke nicht nur Verkäufer, sondern Freunde. Dies ist kein Schauspieltrick, sondern eine Frage der inneren Einstellung. Um ein positives Gefühl auszustrahlen, müssen die Fischverkäufer sich nicht nur in ihre Kunden einfühlen können, sondern auch selbst Freude an der Arbeit haben. Ohne Arbeitsfreude keine guten Leistungen – so lautet das Gesetz der heutigen Arbeitswelt. Wer das nicht erkennt, hat von vornherein verloren. *Fish*! hat zwar eine ganze Weile auf den Bestsellerlisten gestanden, aber wie real ist die hier aufgezeigte Lösung angesichts der vielen Probleme, die Deutschland seit einigen Jahren heimsuchen? Kann ein Land, das in den Medien abwechselnd als »kranker Patient«, als Großbaustelle oder als »Lachnummer« bezeichnet wird, es sich leisten, über das Thema »Spaß an der Arbeit« nachzudenken? Bevor wir versuchen, diese Frage zu beantworten, wollen wir uns erst kurz der aktuellen Situation in Deutschland selbst widmen. Was ist los in Deutschland? Das offensichtlichste Problem ist die Feststellung, dass das ehemalige Wirtschaftswunder zum Stillstand gekommen ist. Wirtschaftlich leistet Deutschland in den letzten Jahren nur Ungenügendes. Das Wirtschaftswachstum der letzten 10 Jahre (1993 bis 2003) betrug mit 1,4 Prozent weniger als die Hälfte des Wirtschaftswachstums von Großbritannien (2,9 Prozent).

Wenn man das Wachstum des Bruttoinlandsprodukts der letzten 10 Jahre misst, befand sich Deutschland im Vergleich mit den 15 EU-Mitgliedern vor der EU-Osterweiterung (2003) an vorletzter Stelle. Dadurch geht der relative Vorsprung beim Wohlstand des Einzelnen verloren: Das Bruttoinlandsprodukt pro Kopf in Deutschland ist in den letzten Jahren kaum gestiegen und liegt seit 2001 unter dem Bruttoinlandsprodukt von Großbritannien. Hinter dem Rückgang der wirtschaftlichen Leistungen verbirgt sich allerdings noch ein viel größeres Problem: Deutschland ist zutiefst über die richtige Art und Weise verunsichert, wie man den Wirtschaftsmotor wieder ankurbeln kann. Während manche glauben, ein einfacher Hinweis auf die alten deutschen Tugenden wie Zuverlässigkeit, Leistungsbereitschaft und Disziplin könne den Karren wieder aus dem Dreck ziehen, denken andere, man müsse mit der Zeit gehen und sich den veränderten wirtschaftlichen Umständen anpassen. Wenn es um Deutschlands Zukunft geht, kann man also von einer Doppelperspektive sprechen.

Die Auffassung, dass ein Wiederaufleben der alten Tugenden dem Land aus seiner Misere helfen könne, vertritt auch die Kommunikationsexpertin Judith Mair in ihrem populären und provozierenden Buch *Schluss mit Lustig*. Darin verkündet die Autorin, eine junge Frau mit einer politisch eher linken Einstellung, dass das Büro kein Vergnügungspark sei: Weg mit dem übertriebenen Nachdruck auf Empowerment und anderen modischen Managementhypes. Chefs müssen laut Mair wieder das tun, wofür sie eingestellt wurden, nämlich das Personal führen und ihm Disziplin beibringen. Provozierend stellt sie die These auf, dass jede Organisation klare Strukturen, Regeln und Normen braucht, um erfolgreich zu sein. In Übereinstimmung mit der oben beschriebenen, tief verwurzelten Haltung der westlichen Kulturen verkündet Mair, dass Arbeit eben keinen Spaß mache und das auch nie tun werde. Nicht nur die Betriebsleistungen, sondern auch die Mitarbeiter profitieren ihr zufolge von einer Besinnung auf die traditionellen Tugenden. Hierarchische Verhältnisse, vorgeschriebene Umgangsformen und strikte Disziplin waren früher die Garanten für Fortschritt. Damit sollten sie auch in Zukunft erfolgreich sein. Wie dies in der Realität aussieht, demonstriert Mair an ihrem eigenen damaligen Unternehmen Mair u.a.: Die Arbeit beginnt morgens um neun Uhr und dauert bis halb sechs. Dann geht unwiderruflich das Licht aus. Überstunden gibt es nicht, wer seine Arbeit nicht fertig hat, bekommt am nächsten Tag noch eine Chance. Auch Heimarbeit ist nicht erlaubt, denn Arbeit und Privatleben müssen laut Mair streng getrennt bleiben. Sie propagiert sogar eine Arbeitsuniform, um diese Trennung zu symbolisieren. Im Büro siezt man sich. Duzen ist tabu, ebenso englische Modewörter wie »Flow«, »Meeting« oder »Brainstorm«. Statt ihre Zeit damit zu verschwenden, dass sie darüber nachdenken, wie sie ihren Mitarbeitern etwas Gutes tun können, verlangt Mair von Vorgesetzten, dass sie sich wie ein »Chef« benehmen – Aufträge und Forderungen formulieren und dann streng kontrollieren: Das sind die neuen beziehungsweise alten Tugenden eines Vorgesetzten. Natürlich werden alle Aufträge brav vom Personal ausgeführt. Laut den Regeln der »neuen Strenge« haben die Mitarbeiter schließlich nichts anderes zu tun als das auszuführen, was ihnen aufgetragen wird. »Ich bezahle Menschen für das, wofür ich sie angestellt habe«, so Mair in einem Interview in einer niederländischen Managementzeitschrift. »Arbeitnehmer müssen ihre Arbeit machen. Es ist mir egal, ob sie Spaß haben, das steht schließlich nicht in ihrem Vertrag. Für den Betrieb sind nun einmal andere Dinge wichtig als für die Arbeitnehmer. Der Betrieb muss Umsatz machen.« Abgesehen von der Frage, ob Mair alles ernst meint, was sie schreibt – in den vielen Interviews, die sie seit der Veröffentlichung ihres Buches gegeben hat, begegnet sie uns eher als »Agent provocateur«, der sich gegen die herrschende Kultur der neunziger Jahre als Reaktionär absetzt. Tatsache ist, dass *Schluss mit Lustig* Wasser auf den Mühlen all derjenigen war, die für eine Wiedereinführung der »alten Tugenden« plädierten. Bewusst oder unbewusst, ihre Anklage gegen das Wildwachstum der »Spaßarbeit« ist zu einem Symbol für die Menschen geworden, denen es vor all dem »soften Geschwätz« graut.

Nun kann man sich natürlich fragen, ob es besser ist, mit der Zeit zu gehen und sich auf Veränderungen einzustellen, wie es Stephen C. Lundin und seine Koautoren in *Fish!* beschreiben. Oder können wir es uns leisten, das Interesse für die »soft skills« als einen Irrweg der New Economy-Manager abzutun, wie es Judith Mair fordert? Kann Deutschland den Weg aus dem wirtschaftlichen Treibsand finden, indem es sich einzig und allein auf uralte Tugenden besinnt? Unsere Antwort lautet ganz eindeutig: Nein. In der heutigen Wirtschaft, in der es um Kreativität, Flexibilität im Umgang mit den variierenden Kundenwünschen und gefühlsmäßige Aufmerksamkeit für die unterschiedlichen Anspruchsgruppen wie Kunden, Mitarbeiter, Investoren geht, kommt man mit alten Tugenden wie Fleiß, Disziplin und Effektivität nicht mehr weit. Diese klassischen Stärken werden künftig an relativer Bedeutung verlieren. Die neuen Wachstumsfelder, vor allem im Dienstleistungs- und im Technologiesektor, richten sich zunehmend auf konsumorientierte Innovation, Kundenorientierung und Markenbindung. Deshalb sind Fähigkeiten wie Kreativität, Flexibilität und Emotionalität gefragt. Das heißt natürlich nicht, wie einige Verfechter der New Economy uns noch bis vor kurzem glauben lassen wollten, dass wir die alten Tugenden über Bord werfen müssen. Das heißt wohl, dass man sich auch neue Tugenden zu Eigen machen muss, um eine optimale und einzigartige Mischung zwischen Alt und Neu zu finden. In einem aktuellen Bericht der Boston Consulting Group wurde in diesem Zusammenhang zu Recht für eine »emotionale Trendwende« plädiert. Darin wird »eine Rückbesinnung auf die klassischen Stärken und deren gleichzeitige Weiterentwicklung und Ergänzung durch Eigenschaften wie Flexibilität und Experimentierfreude« gefordert.[1] Die Rückbesinnung auf das Alte und die Weiterentwicklung des Neuen darf sich nach unserer Überzeugung übrigens nicht auf eine Diskussion über individuelle Werte und Tugenden beschränken, sondern muss sich auch mit der Frage befassen, wie man im nächsten Schritt Organisationen und Betriebe so ausrichten kann, dass diese die erwünschten Leistungen erbringen können. Nur so entsteht ein Nährboden, in dem der Gedanke gedeihen kann, dass Lust und Leistung einander nicht ausschließen, sondern sich gegenseitig voraussetzen.

Es geht um Menschen

Die Diskussion über das Buch von Judith Mair bringt uns zurück zu dem Punkt, bei dem wir im ersten Abschnitt hängen geblieben waren: die Frage nach dem Hintergrund der Entwicklung, bei der Arbeitsfrust in Arbeitslust umgewandelt wurde. Woher kommt diese Entwicklung? Welche Kräfte stecken dahinter? Unserer Meinung nach muss diese Entwicklung einerseits als Reaktion auf die umfassenden Veränderungen, die in letzter Zeit in unserer Arbeitsorganisation und Arbeitskultur stattgefunden haben, gesehen werden. Anonymisierung und zunehmende Unsicherheit als Folge von fortschreitender Rationalisierung und Flexibilisierung haben zu einer Gegenoffensive geführt, wobei Fragen nach dem Sinn der Arbeit und der Arbeitsfreude eindringlicher als je zuvor gestellt werden.

1) The Boston Consulting Group: Deutschland – Ein Perspektivenwechsel. Mit Leidenschaft
für Veränderung, September 2004.

Andererseits ist diese Entwicklung auch ein Vorbote einer ganz neuen Art und Weise von Arbeiten, die gut zu unserer Erlebniswirtschaft passt.

Die »humane Gegenoffensive« in der Arbeitswelt muss vor dem Hintergrund gesehen werden, dass zunehmende Konkurrenz, die von Kräften wie Internationalisierung, Deregulierung und Ausdehnung bestimmt wird, dem Streben nach Kosteneffizienz eine ganz neue Dimension gegeben hat. Die auch hier gängig gewordenen amerikanischen Managementmethoden haben nicht nur einen neuen Fachjargon mit sich gebracht, sondern die Arbeit auch immer mehr in dass Zeichen der Jagd nach Effizienz gestellt. Bei den neuen Begriffen wie *Lean and Mean Production, Business Process Reengineering, Shareholder Value* und *Performance Management* geht es nur um eines: mehr Leistung mit weniger Menschen. Die Produktivität muss erhöht, die Kundenausrichtung verbessert, die Arbeitnehmer flexibler eingesetzt werden. Um weltweit mithalten zu können, musste man ständig als Vorbild für ein wirtschaftlich leistungsstarkes Land herhalten. Das bewährte Rezept war dabei das entschiedene Abschneiden des dürren Holzes und Absaugen des überflüssigen Fetts, um so schlanke und effiziente Organisationen zu schaffen.

Die einseitige Konzentration auf Gesundschrumpfen und härteres Arbeiten hatte zur Folge, dass die Arbeit zu einem Großteil ihren Glanz verloren hat. Es lässt sich nicht verleugnen, dass Arbeiten schwerer und weniger angenehm geworden ist. In diesem Zusammenhang wurde festgestellt, dass Arbeitnehmer eine große Ähnlichkeit mit den Tieren in der ökologischen Landwirtschaft haben (Jaap Peters). Genau wie sich hier alles den Gesetzen von Effizienz und Produktivität fügen muss, ist dies in der modernen »intensiven Menschenhaltung« auch der Fall. Um die Aktionäre ständig mit Resultaten bei Laune zu halten, werden Arbeitnehmer angespornt, alles zu geben. Es gibt genügend Hinweise darauf, dass weder Menschen noch Tiere diese Intensivhaltung verkraften können. Wir haben unheimlich viel zu tun und hasten gestresst durch den Alltag. Als Folge der immer höheren Anforderungen fallen viele Arbeitnehmer vorzeitig aus. Sie zeigen immer früher Burn-out-Symptome, die Fluktuationsrate ist in vielen Betrieben überdurchschnittlich hoch und der Krankheitsausfall ist im Vergleich zu den angrenzenden Ländern enorm, von den ungeheuer vielen Arbeitsunfähigen ganz zu schweigen, die als logische Konsequenz des Raubbaus gesehen werden müssen, der an den Arbeitnehmern betrieben wird.

Eine etwas ältere, aber immer noch Aufsehen erregende Studie von Manfred Kets de Vries und Katharine Balazs, die 1977 unter dem Titel *The*

Downside of Downsizing erschien, zeigt, dass die Probleme sich nicht auf das Personal beschränken, sondern sich auch auf die Vorgesetzten auswirken. Kets de Vries und Katharine Balazs interviewten ungefähr 200 Manager europäischer Betriebe, in denen einschneidende Reorganisationen stattfanden, und stellten dabei fest, dass viele der entlassenen Arbeitnehmer große psychische Probleme hatten. Und damit noch nicht genug. Dasselbe galt nämlich für die »Machomanager«, die aktiv an den Entlassungen ihrer Kollegen mitgearbeitet hatten. In ihrer Studie zeigen die beiden Wissenschaftler eine Welt, die meistens hinter toten Zahlen verborgen bleibt und in der psychische Probleme in Form von Depressionen und Aggressionen herrschen. Außerdem wird die Entwicklung hin zu einer rein wirtschaftlichen Vorgehensweise aufgehalten, weil sich die Beweise häufen, dass Arbeitsfreude entscheidend zu langfristigem Erfolg beiträgt.

Obwohl der Vergleich mit den Tieren in der konventionellen Landwirtschaft provokativ ist, stimmt er an einem wichtigen Punkt nicht ganz: Im Gegensatz zu Tieren hat der Mensch einen freien Willen. Arbeitnehmer lassen sich nicht einfach von beklemmenden Arbeitsbedingungen völlig einschränken. Sie können sich individuell oder als Gruppe gegen Arbeitsbedingungen wehren, die sie zu Boden drücken. Sie können kürzer arbeiten, unbezahlten Urlaub nehmen oder ein Sabbatical einplanen. Sie können den Arbeitgeber wechseln oder einen Beruf mit weniger Stress und Verantwortung wählen. Sie können ihre eigenen Ziele bestimmen und Maßnahmen treffen, um die Arbeit angenehmer und erfreulicher zu gestalten. Genau das ist in den letzten Jahren geschehen.

Und genau das ist auch der Punkt, bei dem das Phänomen »Lustmanagement« anfängt, eine Rolle zu spielen. Aus sehr unterschiedlichen Gründen haben Arbeitnehmer und Manager Modelle entwickelt, um die Arbeitsfreude zu steigern. Da Arbeit nun einmal zu einer Sportart geworden ist, bei der kontinuierlich Leistungen erbracht werden müssen, muss sie zumindest auch Spaß machen.

Außer der Tatsache, dass die heutigen Formen von Lustmanagement eine Reaktion auf zu weit geführte Rationalisierung darstellen, sind sie auch eine Art und Weise, Mitarbeiter mit einzubeziehen und sie an sich zu binden. Früher wechselten Arbeitnehmer selten ihre Arbeitsstelle. Faktoren wie Sicherheit und Bindung an einen Betrieb hielten sie an ihrem Platz. Wer als junger Mensch bei einem Unternehmen angestellt wurde, blieb dort meistens bis zur Pensionierung. Aber die Zeiten ändern sich. Jahrzehntelange Karrieren in ein und demselben Betrieb werden immer seltener. Man erwartet inzwischen von Menschen, dass sie ein enormes Anpassungsvermögen haben und vielfach einsetzbar sind. Flexibilität ist hierbei das Zauberwort. Vom modernen Arbeitnehmer wird erwartet, dass er flexibel ist. Dieser Drang nach Flexibilität entspringt der Umstellung von einer angebotsorientierten zu einer nachfragegesteuerten Produktionsweise. Früher waren Organisationen wie Pyramiden aufgebaut, die ewig bestehen bleiben sollten. Produkte wurden in einem stetigen Strom auf den Markt gebracht. Inzwischen hat sich das geändert. Betriebe müssen sich den ständig wechselnden Bedürfnissen und Stimmungen ihrer Kunden anpassen. Mit guten Produkten allein kommt man heute nicht mehr ans Ziel, und schon gar nicht mit der überheblichen Einstellung »Wir wissen, was gut für Sie ist«. Ein Unternehmen, das überleben will, muss die Fenster zur Außenwelt weit öffnen und ständig in Bewegung bleiben. Das erfolgreiche Unternehmen von heute ist extern ausgerichtet und flexibel. Das flexible Unternehmen benimmt sich eher wie ein Nomade, der sorglos von einem Ort zum anderen zieht und nicht wie ein unantastbares Bollwerk, das auf einen statisch abgegrenzten Markt fixiert ist. Das flexible Unternehmen sieht sich ständig um, setzt sich immer wieder neue Ziele, bewegt sich, kommt an und zieht wieder weiter. Die alte Pyramidenstruktur passt nicht mehr zu dieser neuen und veränderbaren Art und Weise von Organisieren. Arbeiten in einem solchen Unternehmen wird oft mit improvisiertem Jazz verglichen. Jazzmusiker gehen nicht von den Grenzen starrer Strukturen aus. Beim Spielen ist die Struktur höchstens hintergründig präsent, und sie gilt vor allem als die Basis, von der aus die Musiker improvisieren.

Obwohl dieser »Jazz« der modernen Unternehmensführung sicher Charme hat, dürfen auch die Schattenseiten nicht unbeachtet bleiben. Abgesehen von der Tatsache, dass bei weitem nicht jeder dafür geeignet ist, in einer flexiblen Organisation zu arbeiten, hat Flexibilisierung zu einer Untergrabung der Loyalitätsgefühle von Mitarbeitern geführt. Dadurch, dass kontinuierlich die Notwendigkeit von Veränderung und Erneuerung betont wird, haben viele sich von dem Gedanken, dass Bindung und Loyalität selbstverständlich sind, verabschiedet. Der flexible Mitarbeiter von heute ist weniger loyal, fühlt sich weniger gebunden und verlässt schneller das Unternehmen. Er muss sich auf seine jetzige und gegenwärtige Situation konzentrieren und sich nicht an eine feste Anstellung klammern, er muss Risiken eingehen und vielfältig wechselnde Aufgaben auf sich nehmen. Geringe Bindung an einen Arbeitgeber und eine einseitige Ausrichtung auf kurzlebige Erfolge sind die Konsequenz. Forscher wie beispielsweise der amerikanische Soziologe Richard Sennet warnen in diesem Zusammenhang vor dem Entstehen flüchtiger Arbeitsbeziehungen. Flexibilisierung, so Sennet, schlägt um in Flüchtigkeit, die wiederum zu Unruhe und dem Verlust von Selbstvertrauen führt.

Betriebe, die sich mit den negativen Folgen von zu weit gegangener Flexibilisierung konfrontiert sahen, haben in den letzten Jahren versucht, ihr Personal so fest wie möglich an sich zu binden. Diese Aktivitäten variierten vom Angebot von Vergnügungsreisen zu tropischen Inseln bis hin zu wöchentlichen Trinkgelagen in der betriebseigenen Kneipe.

Natürlich kann und muss man sich fragen, wie effektiv diese Verfahren sind. Es geht hier schließlich um nicht mehr als auffällige Tricks, zur zeitweisen Betörung des Personals. Um die Mitarbeiter für längere Zeit an sich zu binden, sind Kennzeichen wie gegenseitiges Vertrauen, Anteilnahme und ganz selbstverständliche Verhaltensregeln entscheidend. Genau dies sind die Eigenschaften, die der ehemalige Shell-Stratege Arie de Geus als charakteristisch für »lebende Unternehmen« sieht. Der Mensch, so de Geus, hat das tief verwurzelte Bedürfnis, sich an eine Gemeinschaft zu binden. Produktivität, Kreativität und Vitalität stehen seiner Meinung nach nicht im Gegensatz zueinander, sondern werden sogar in einer Arbeitsumgebung, in der Menschen sich sicher, geschätzt und eingebunden fühlen, gefördert.

Die Notwendigkeit, sich ständig an Umgebungen anzupassen, die sich schnell ändern, hat die Menschen unsicher und »veränderungsmüde« gemacht. Um diese Entwicklung aufzuhalten, sind Organisationen gezwungen, neben der Ausrichtung auf Leistung auch genau zu untersuchen, was Mitarbeiter motiviert, wodurch sie Energie gewinnen. Betriebe müssen lernen, ihre Mitarbeiter nicht mehr als homogene Masse zu sehen, sondern sie in individuelle Mitarbeitersegmente zu differenzieren, wobei jedes Segment von seinen eigenen Werten und Motiven angetrieben wird. Allein dadurch, dass sie die unterschiedlichen Mitarbeitersegmente angemessen ansprechen, machen Organisationen Menschen glücklicher und lassen sie ihre Talente entfalten.

Arbeit als Erlebnis

Unsere Arbeitsumgebungen haben sich in der letzten Zeit einschneidend verändert. Dasselbe gilt auch für die Art der Arbeit und die Bedeutung, die wir der Arbeit beimessen. Um mit Letzterem zu beginnen: Arbeit wurde von jeher nie als Wert an sich gesehen, sondern vor allem als etwas, das für die herrschende Elite oder die Gesellschaft als Ganzes von Nutzen sein musste. Arbeit als Nutzen, Arbeit als Notwendigkeit, Arbeit als Instrument – alles Auffassungen, die der Idee entspringen, dass Arbeit etwas ist, das man für andere tut. Dass Arbeit zusätzlich, oder vielleicht sogar an erster Stelle, eine Möglichkeit ist, persönliche Qualitäten zur Entfaltung zu bringen, ist ein Gedanke, der lange hartnäckig ignoriert wurde, aber in letzter Zeit enorm viel Aufmerksamkeit erweckt. Diese Vorstellung von Arbeit als Selbstentfaltung basiert auf einer viel positiveren Einstellung gegenüber der Arbeit als solcher, da sie hier nicht nur als Mittel, sondern auch als Wert an sich gesehen wird. Es geht nicht mehr nur noch um die Resultate von Arbeitsprozessen, sondern auch um die Prozesse selbst. Die nicht wirtschaftlichen Aspekte von Arbeit werden deutlich: Es handelt sich hierbei um Dinge wie die Art und Weise, mit der man die Arbeit erfährt, den Inhalt der Tätigkeiten, die Arbeitsatmosphäre, den Stil der Vorgesetzten, die persönlichen Wachstums- und Entwicklungsmöglichkeiten und das Verhältnis zu den Kollegen.

Zusammen mit dem Bedeutungswandel von Arbeit hat auch eine Neubewertung der Entlohnung für geleistete Arbeit stattgefunden. Eine gut bezahlte Anstellung, ein schickes Leasingauto und andere attraktive Sonderzulagen sind natürlich nicht schlecht, aber sie fördern das Glück absolut nicht, wenn man keine Zeit und Energie hat, sie zu genießen. Und genau das ist vielen ein Dorn im Auge. Momentan arbeitet man im Allgemeinen so hart, dass man entweder im Büro sein Zelt aufgeschlagen hat oder in der Freizeit völlig erschöpft auf der Couch liegt. »All work and no play«: Vor allem die jungen Generationen auf dem Arbeitsmarkt wollen nicht mehr ihre Freiheit opfern und sich in das ständig enger werdende Korsett von Arbeitsverpflichtungen zwängen. Ein attraktiver Job, der Spaß macht, ist somit zu einem hoch geschätzten Ideal geworden. Arbeit ist nicht mehr eine bittere Notwendigkeit um zu überleben, sondern etwas, das man tut, um sich zu verbessern und zu wachsen. Arbeit ist eine Möglichkeit, Ambitionen und Träume zu verwirklichen, andere Menschen zu treffen und Freundschaften aufzubauen, Freude zu erleben und glücklich zu werden. Ein lange gehegtes Ideal, nämlich hart zu arbeiten, um dann später einen unbesorgten Lebensabend genießen zu können, hat somit viel an Glanz eingebüßt. Genuss wird nicht mehr nach, sondern während der Arbeit gesucht.

Die hier beschriebenen Entwicklungen fallen nicht vom Himmel, sondern haben mit Veränderungen der wirtschaftlichen und gesellschaftlichen Strukturen zu tun. Die industrielle Wirtschaft mit ihrer Betonung auf das Greifbare hat sich in den letzten Jahrzehnten in eine Wirtschaft verändert, in der das Immaterielle in Form von Information, Kenntnis, Dienstleistung und Erlebnis tonangebend ist. Vergleichbar mit der Entwicklung des Agrarsektors in einer früheren Phase, ist Fabrikarbeit in unserer Gesellschaft zu einer Randerscheinung geworden: In Massen hat man den blauen Overall gegen ein mehr oder weniger formelles Büro-Outfit eingetauscht. In der heutigen Wirtschaft geht es nicht mehr um Muskelkraft, sondern um Kreativität, Entwicklung, Dienstbereitschaft, Kundenservice, kommunikative Fähigkeiten und eine sympathische Ausstrahlung. Heutzutage stehen Dienstleistende, Wissensarbeiter und »Erlebnisanbieter« im Mittelpunkt, die es nicht nur gewohnt sind, völlig andere Tätigkeiten zu verrichten, sondern die auch völlig andere Erwartungen an ihre Arbeitsumgebung haben. Die heutige arbeitende Bevölkerung wird von einer relativ breiten Gruppe gekennzeichnet, die gut ausgebildet, intelligent, schnell, zielstrebig und selbstsicher ist. Der Arbeitnehmer anno 2005 hat mehr Entscheidungsbefugnis: Er fungiert als Manager seiner eigenen Karriere und entwickelt während seiner Laufbahn ein Portfolio an Kenntnissen und Fähigkeiten, mit denen er seine Karriere weiter entwickeln kann. Unternehmen haben seiner Meinung nach die Aufgabe, diese Ambitionen zu ermöglichen und zu kanalisieren.

Im Klartext heißt das, dass Organisationen eine inspirierende Umgebung bieten müssen, in der Chancen und Herausforderungen geboten werden, in der Offenheit herrscht und in der man mit Respekt behandelt wird.

Der Hang zur Arbeitsfreude, der den heutigen Arbeiter charakterisiert, wird zusätzlich durch die unwiderrufliche Dominanz einer auf subjektive Erfahrungen basierten Dienstleistungswirtschaft verstärkt. Im Gegensatz zur industriellen Wirtschaft geht es in der Dienstleistungswirtschaft nicht so sehr um die Interaktion von Mensch und Maschine, sondern vielmehr um die Interaktion zwischen Menschen. Das hat zur Folge, dass das Interesse an Erlebnissen und das Managen von Emotionen in den Vordergrund treten.

Dies gilt umso mehr, da die Dienstleistungswirtschaft ein Stadium erreicht hat, das die amerikanischen Strategieberater Joseph Pine und James Gilmore »Erlebniswirtschaft« genannt haben. In ihrem gleichnamigen Buch erörtern die Autoren ihren Standpunkt, dass sich die heutige Wirtschaft momentan in raschem Tempo in eine »Erlebnisgesellschaft« verwandelt. Läden, Restaurants, Hotels, Freizeiteinrichtungen, Touristenattraktionen, Museen und sogar ganze Städte werden als einzigartige »Erlebniswelten« neu geschaffen.

Obwohl die äußeren Erscheinungsformen variieren, dreht sich in der wachsenden »Erfahrungswirtschaft« alles um dasselbe Prinzip: Konsumenten müssen dazu gebracht werden, gegen Bezahlung so viele persönliche und erinnernswerte Erfahrungen wie möglich mitzunehmen. Es reicht nicht mehr aus, dass Produkte und Dienstleistungen für den Gebrauch nützlich sind. Heutzutage müssen sie auch, und vielleicht sogar vor allem, »Erlebniswert« besitzen. Produkte, Dienstleistungen und unser gesamtes Umfeld müssen uns die Möglichkeit einer besonderen Erfahrung, eines Erlebnisses bieten. Diese Entwicklung kann mit einer Leiter verglichen werden, auf der sich die heutigen Arbeitnehmer auf der Suche nach immer neuen Erfahrungen befinden. Die Lieferanten des Grundbedarfs stehen dabei auf der untersten Stufe, der Fabrikant steht immerhin schon eine Stufe höher, während Dienstleistung noch mehr wert ist. Auf der obersten, der lukrativsten Stufe, befinden sich die »Erlebnislieferanten« (vgl. Abbildung 2).

Die amerikanische Kaffeekette Starbucks ist ein gutes Beispiel für einen Betrieb, der viel mehr tut als Kaffee zu servieren: Es geht darum, eine theaterhafte, auf der Idee italienischer Espressobars basierende Umgebung zu bieten, eine Mischung von anregenden Gerüchen und einer entspannten Atmosphäre, in der die Gäste inmitten der alltäglichen Hektik sofort Ruhe und Entspannung finden können. Wie wir bereits im Beispiel des Pike-Place-Fischmarkts beschrieben haben, geht es in der Erfahrungswirtschaft darum, beim Kunden einen unauslöschlichen Eindruck zu hinterlassen. Innerhalb der Erlebniswirtschaft kann sich jede Interaktion mit dem Kunden zu einer Aufführung entwickeln; jeder Arbeitnehmer wird gegenüber dem Kunden zu einem Schauspieler mit einer eigenen Rolle. Dabei werden alle Sinne des Kunden angesprochen. Und immer öfter kann der Kunde selber aktiv mitmischen. Arbeitsfreude ist unter diesen Umständen nicht mehr eine Neben-, sondern die Hauptsache. Freude ist einer der wichtigsten Faktoren, um die die Erlebniswirtschaft sich dreht.

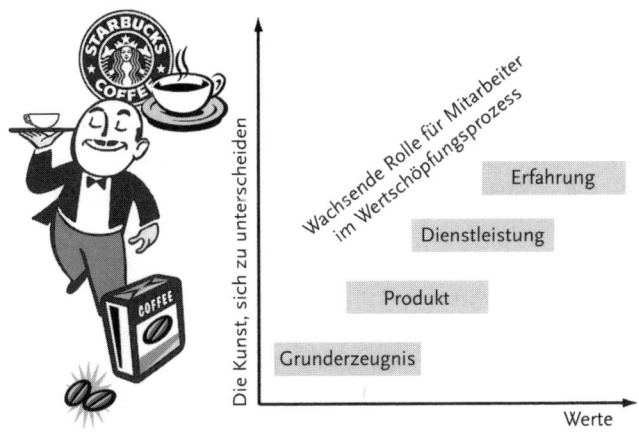

Die Kunst, sich zu unterscheiden

Wachsende Rolle für Mitarbeiter
im Wertschöpfungsprozess

Erfahrung

Dienstleistung

Produkt

Grunderzeugnis

Werte

Abbildung 2: Erfahrungswirtschaft

Rückschau und Vorausblick

In diesem Kapitel haben wir gesehen, dass das Konzept »Arbeitsfreude« mehr ist als eine kurzlebige Modeerscheinung: Es steht definitiv auf der Manageragenda. Das hat damit zu tun, dass die drei Entwicklungen, die wir in diesem Kapitel erörtert haben – die veränderte Einstellung gegenüber den Vor- und Nachteilen der immer weitergehenden Rationalisierung, die Notwendigkeit, Mitarbeiter zu binden und zu fesseln, und der Drang zur Erfüllung von immateriellen Wünschen in Form von Kenntnissen oder Erfahrungen –, zu einer einschneidenden Veränderung unserer wirtschaftlichen und gesellschaftlichen Umgebung geführt haben. Der hohe Wert von zufriedenen, engagierten, motivierten und loyalen Mitarbeitern wird heutzutage anerkannt und als wichtiges Mittel für langfristigen Erfolg gesehen.

Die Tatsache, dass man sich oft nur mit den Lippen zu diesem Wert bekennt und ihn nur selten in konkrete Handlungen umsetzt, verringert die Tragweite der genannten Veränderungen nicht. Sie zeigt eher, dass Organisationen und Manager mit der Frage ringen, wie man der Grundauffassung, dass Mitarbeiter wichtig sind, konkret Form geben kann, als dass dieser Ausgangspunkt selbst zur Diskussion steht. Die Zeit, in der Mitarbeiter nur als Arbeitskräfte und notwendige Ausgabeposten gesehen wurden, liegt definitiv weit zurück. Man kann von einer Aufwärtsspirale in Bezug auf die Anerkennung des Nutzens von fähigen, zufriedenen und produktiven Mitarbeitern sprechen. Dass die Mitarbeiter in wirtschaftlich schlechteren Zeiten weniger hohe Ansprüche stellen können als in wirtschaftlich guten, tut dem keinen Abbruch. Letzteres beweist höchstens, dass Arbeit und Arbeitsmarkt nicht nur strukturellen Veränderungen ausgeliefert, sondern auch von den Kräften konjunktureller Einflüsse abhängig sind.

Jetzt, da wir die Hintergründe dieser Entwicklung in die Richtung von »Arbeitsfreude«, beziehungsweise »Lustmanagement« aufgezeigt haben, stellt sich die Frage, was wir uns unter den Begriffen »Lust« und »Freude« vorstellen müssen. Im nächsten Kapitel wird auf diese Frage ausführlich eingegangen. Dabei widmen wir uns auch der Frage, was Arbeitsfreude einer Organisation eigentlich bringt. Denn es kann natürlich nicht so sein, dass Freude an sich zu einem Ziel wird. Lust und Leistung müssen Hand in Hand einhergehen. Aber funktioniert das auch? Was sagt die Theorie hierzu, und inwieweit können wir konkrete Beispiele von Unternehmen nennen, in denen die Koppelung von Lust und Leistung praktisch umgesetzt wird?

Stellen Sie sich die folgenden Fragen

1) Kommen die drei in diesem Kapitel genannten Veränderungen und die damit verbundene Problematik mir bekannt vor? Welche Beispiele aus meiner eigenen Erfahrung kann ich nennen?

2) Spielen die drei Veränderungen innerhalb meiner Organisation eine Rolle? Haben sie in den letzten fünf Jahren innerhalb meiner Organisation größere oder kleinere Probleme verursacht? Können diese Veränderungen in den nächsten Jahren größere Probleme innerhalb meiner Organisation verursachen?

3) Erkenne ich den zunehmenden Drang zu Arbeitsfreude in meiner Organisation? Wie stehe ich dem gegenüber? Finde ich, dass es eine wichtige Entwicklung ist, die weiterhin stimuliert werden sollte, oder sehe ich es als eine Art überschwängliche Welle, die doch wieder vorübergeht?

4) Was verstehe ich selbst unter Arbeitsfreude? Hat sich meine Meinung in den letzten Jahren geändert? Wird sich meine Meinung in den nächsten Jahren ändern? Welche Einflüsse spielen dabei eine Rolle?

5) Welche Schritte hat meine Organisation in den letzten Jahren unternommen, um Arbeitsfreude zu fördern? Wie hat man diese Schritte aufgenommen? Was waren die erwünschten und eventuell auch unerwünschten Folgen dieser Schritte?

2
Freude – was ist sie wert?

»Freude an der Arbeit
lässt das Werk trefflich geraten.«

Aristoteles

Nachdem wir im vorangegangenen Kapitel die Faktoren genannt haben,
die dazu geführt haben, dass Arbeitsfreude sich auf der Agenda von Managern einen Platz erobert hat, wollen wir in diesem Kapitel herausfinden, was Freude eigentlich ist und welchen Wert sie für Menschen und
Organisationen hat. Da es nicht leicht ist, eine eindeutige Definition von
»Freude« zu finden, werden wir uns dem Phänomen über einige Um-
wege nähern. Wir stellen fest, dass Freude ein mehrdimensionaler Begriff
ist, bei dem man zwischen einer individuellen, einer sozialen und einer
Sinn gebenden Dimension unterscheiden kann. Die Kombination der unterschiedlichen Dimensionen stellt eine wichtige Triebkraft für erfolgreiche Organisationen dar, so die Forscher, die die Theorie der Value Profit Chain aufgestellt haben. Der Leitgedanke dieser Theorie ist eigentlich
ganz einfach. Wenn eine Organisation gut für ihre Mitarbeiter sorgt, sorgen diese auch gut für die Kunden, die dann wiederum gut für die Organisation »sorgen«, indem sie dort ihr Geld ausgeben. Da das Konzept
Lustmanagement, das in den folgenden Kapiteln behandelt wird, zum
Großteil auf diesem Gedanken beruht, werden wir das Modell der Value
Profit Chain hier kurz behandeln. Gute Theorien haben per definitionem
einen hohen praktischen Wert. Um den praktischen Wert der Value Profit Chain zu demonstrieren, werfen wir einen Blick hinter die Kulissen
der erfolgreichen amerikanischen Fluggesellschaft Southwest Airlines,
bei der Arbeitsfreude bei Managern und Arbeitnehmern zu Aufsehen er-
regenden Leistungen geführt hat. Nun verdeutlichen Praxisbeispiele zwar
einiges, aber sie sind auch sehr spezifisch. Darum schließen wir das Kapitel mit einigen Tatsachen über das Verhältnis zwischen Arbeitsfreude
einerseits und Betriebsergebnissen andererseits ab.

Lust & Leistung, Salem Samhoud, Hans van der Loo, Jeroen Geelhoed
Copyright © 2005 WILEY-VCH Verlag GmbH & Co. KGaA, Weinheim
ISBN: 3-527-50138-X

Was ist Freude?

Um etwas managen zu können, muss natürlich klar sein, um was es eigentlich geht. Darum stellen wir uns zunächst die Frage, was wir unter »Freude« verstehen müssen. Wie so oft ist es einfacher, diese Frage zu stellen, als sie zu beantworten. Ebenso wie die anderen Konzepte, die in der modernen Unternehmensführung eine wichtige Rolle spielen, wie zum Beispiel Marke, Kenntnis, Erfahrung, Service oder Leidenschaft, kann man den Begriff »Freude« nicht aus dem Stegreif umschreiben. Als man Augustinus zu Beginn unserer Zeitrechnung die Frage stellte, was Zeit eigentlich sei, antwortete er: »Wenn mich niemand fragt, weiß ich es. Wenn ich es jemand auf seine Frage hin erklären soll, kann ich es nicht.« Eine ähnliche Antwort könnten wir auf die Frage »Was ist Freude?« geben. Trotzdem werden wir Freude umschreiben, allerdings über einen Umweg.

Meyers Taschenlexikon gibt die folgende Definition für »Freude«:

> »Hoch gestimmter Gemütszustand, Gefühl des Aufschwungs, des Froh- und Beglücktseins; Spaß.«

In dieser Definition geht es um Freude im Allgemeinen. Aber um etwas über Arbeitsfreude sagen zu können, müssen wir noch einen Schritt weiter gehen und uns fragen, an welche Dimensionen Menschen denken, wenn sie über »Freude an der Arbeit« sprechen. Wir unterscheiden dabei drei Dimensionen: eine individuelle, eine soziale und eine sinngebende Dimension. Diese drei Dimensionen sind mit den drei Fs für *Flow*, *Fit* und *Faith* bezeichnet.

Die individuelle Dimension von Arbeitsfreude – Flow

Viele Psychologen haben versucht, die Bedeutung von Glück und Freude mit Begriffen wie zum Beispiel Selbstverwirklichung, Gipfelerfahrung oder Flow (engl. fließen, schweben) auf den Punkt zu bringen. Diese Begriffe implizieren vor allem, dass das Leben als befriedigend und bedeutend erfahren wird. »Glück«, so der amerikanisch-ungarische Psychologe Mihaly Csikszentmihalyi (1997), »entspringt aus einem Flow, einer optimalen Erfahrung, bei der Menschen sich mit voller Aufmerksamkeit und Konzentration einer Aufgabe widmen. Es ist das, was der Segler fühlt, wenn er von starkem Wind getrieben über das Wasser fliegt. Es ist das, was der Maler fühlt, wenn eine bestimmte Spannung zwischen all den Farben auf der Leinwand entsteht und dem Bild vor seinen Augen eine lebendige Form entspringt. Das Erreichen von optimalen Erfahrungen formt die Basis von Arbeitsfreude. Um dies zu erreichen, müssen Menschen etwas tun, wodurch ihre einzigartigen Fähigkeiten und Talente angesprochen werden.« Glück ist nach Csikszentmihalyi nicht etwas, das über den Menschen kommt, sondern wonach man zielbewusst streben muss. In seinen eigenen Worten: »Wir sorgen dafür, dass die optimale Erfahrung stattfindet. Letztendlich gibt uns die optimale Erfahrung das Gefühl, dass wir unser Leben selbst in der Hand haben.« Freude ist also eng mit dem Gefühl von Chancen, Herausforderungen, Freiheit und Selbstwert und mit dem Gefühl, dass unsere persönlichen Talente und Fähigkeiten zum Zuge kommen, verbunden. Freude im Sinne von Flow bezeichnet die Empfindung, dass man auf der Spitze seines Könnens balanciert.

Eine ähnliche Auffassung finden wir bei Paul Donders in seinem Buch *Kreative Lebensplanung*. Er ist der Meinung, dass jeder Mensch unterschiedliche Kerntalente oder Kernkompetenzen besitzt. Er nennt diese Kerntalente »motivierende Fähigkeiten«, da diese Fähigkeiten Menschen wie von selbst motivieren, wenn sie angewendet werden. »Man kann sich leicht vorstellen, dass jemand motivierter arbeitet, wenn er seine Kerntalente entdecken und entfalten kann. Es ist schön zu entdecken, dass man von seinen Kernkompetenzen nicht nur herausgefordert wird, sondern dass man, indem man sie benutzt, eine Art ›Selbstmotivation‹ erfährt. Und wenn zwei Dinge zusammenkommen, nämlich Selbstmotivation und eigene Verantwortung, bilden sie eine beinahe explosive Energiequelle.« (Donders, 2000) Wenn das Hobby zur Arbeit wird, ist das natürlich die Idealsituation. TV-Moderatorin und Schriftstellerin Elke Heidenreich sagt über ihre Arbeit: »Meine Arbeit besteht aus Lesen. Ich mache mir drei Stapel: Pflicht (Bücher, die ich einfach kennen muss), Kür (Bücher, auf die ich mich freue) und dringende Empfehlungen (Bücher, die Autoren mir unbedingt ans Herz legen). Ich liebe alle drei Stapel, Kür natürlich ein bisschen mehr. Alles in allem macht es mir immer Spaß. Ich werde für das bezahlt, was ich am allerliebsten mache.« Leider kann nicht jeder sein Hobby in seine Arbeit umwandeln. Eine Studie von Gallup zur Mitarbeiterzufriedenheit zeigt, dass viele Arbeitnehmer in Deutschland finden, dass ihre Stelle nicht 100-prozentig zu ihrer Person passt.

Allerdings kann man auch mit einer Stelle, die nur zu 80 oder 90 Prozent zu einem passt, in seiner Arbeit aufgehen und Freude daran haben.

Dass das »Aufgehen in der Arbeit« ein wichtiger Grund für die Arbeitsfreude ist, zeigt eine 2004 veröffentlichte Studie. In einem Artikel, in dem sich übrigens auch ein Interview mit Csikszentmihalyi befindet, veröffentlichte die Zeitschrift *Focus* eine Umfrage zur Arbeitseinstellung in Deutschland. Das Ergebnis zeigt, dass Freude an der Arbeit bei 35 Prozent der Deutschen als wichtigster Aspekt der Arbeit empfunden wird. Der Kontakt zu Kollegen und Kolleginnen stand bei weniger Menschen (18 Prozent) an erster Stelle. Mit der sozialen Dimension werden wir uns im folgenden Abschnitt befassen.

Die soziale Dimension von Arbeitsfreude – Fit

Freude wecken oder erfahren, ist nicht etwas rein Persönliches, sondern wird auch auf kollektive Weise erlebt und geäußert. Freude ist ein Katalysator beim Entwickeln sozialer Kontakte. Freude zeigt auch eine soziale Verbundenheit unter den Menschen auf. Freude wird innerhalb unterschiedlicher Gruppen und Kulturen unterschiedlich geäußert und erlebt. Da bestimmte Menschen sich zu bestimmten Arten von Freude hingezogen fühlen, können wir daraus schließen, dass eine direkte Beziehung zwischen der individuellen und der kollektiven Erfahrung von Freude besteht. In seinem Buch *The Right Stuff* beschreibt der amerikanische Autor und Journalist Tom Wolfe dies ganz treffend. Er geht auf das Schicksal eines Elitekorps amerikanischer Testpiloten in den sechziger Jahren ein. Diese Piloten besaßen nicht nur herausragende technische Kenntnisse, sondern vor allem Nerven aus Stahl. Als Ende der fünfziger Jahre die bemannte Raumfahrt begann, schienen diese Piloten genau die Richtigen zu sein, um die »neuen Kunstmonde«, die Raumstationen, zu bemannen. Es hätte die Krönung ihrer Karriere sein können, wurde aber zu einem totalen Flop. Die Kunst der Piloten, Grenzen zu überschreiten, um Düsenflugzeuge bis zum Äußersten zu testen, wurde auf den künstlichen Trabanten überhaupt nicht benötigt. Statt Grenzen zu überschreiten und selbstständig Entscheidungen zu treffen, mussten sie nun vor allem Anweisungen des Bodenpersonals ausführen. Die Piloten brachen einer nach dem anderen zusammen. Sie hatten keine Freude mehr an ihrer Arbeit, waren unmotiviert und wurden nach einer Weile für arbeitsunfähig erklärt. Auch die Interaktion von Personen aus verschiedenen Abteilungen beziehungsweise unterschiedlichen Beteiligten spielt für die Arbeitsfreude eine entscheidende Rolle. Sie gibt an, wie wertvoll eine Funktion innerhalb einer Organisation ist. Hierdurch entstehen Offenheit und eine Arbeitsumgebung, in der Kollegen mit unterschiedlichen Arbeitsbereichen sich gegenseitig zu Innovation und Kreativität inspirieren. Deshalb brachte zum Beispiel der Managementguru Manfred Kets de Vries die Designabteilung von Bang & Olufsen mit den Kunden und Verkaufsmitarbeitern des Unternehmens in Kontakt. So entstand ein enormer Aufschwung. Die Freude und die Motivation, die Menschen aus bestimmten Arbeiten beziehen, ist also eine Frage des Fit, des sozialen Gefüges zwischen dem Einzelnen und der Organisation. Diese beiden müssen sich in der Mitte treffen, um erfolgreich sein zu können.

Die Sinngebungsdimension von Arbeitsfreude – Faith

Durch technische Entwicklungen und Spezialisierung sind viele Arbeitsplätze zu kleinen Rädern in einem großen Prozess geworden. Dabei ist oft nicht klar, welche Bedeutung ein persönlicher Beitrag für diesen Prozess hat. Das ist bedauerlich, denn die Einstellung, die man als Mitarbeiter zu seiner Arbeit hat, gibt einem sehr viel Freude und Zufriedenheit. Zwei Klavierbauer werden gefragt, was sie eigentlich tun. Der eine antwortet: »Ich biege das Holz für den Resonanzkörper.« Der andere sagt: »Ich sorge dafür, dass die Leute im Konzertsaal die Musik genießen können.« Aus diesen Antworten können wir schließen, wer mehr Erfüllung in seiner Arbeit erfährt. Der Kontakt zum Kunden, den Wert und den Sinn des Endprodukts zu sehen ist eine Quelle der Freude. All dies gibt ein Gefühl von Anerkennung und bestätigt im eigenen Können. Und letztendlich resultiert es in einem Mehrwert für die Benutzer. Jemand, der sich dessen bewusst ist, für wen oder was er etwas tut, erfährt mehr Freude und Erfüllung in seiner Arbeit. Es ist deshalb wichtig, dass wir uns vor Augen führen, wofür wir arbeiten und inwieweit unsere Arbeit zu einem wertvollen Ziel beiträgt. Hieraus folgt eine bessere Dienstleistung und außerdem mehr Freude und Erfüllung. In Deutschland bezeichnen 89 Prozent der Arbeitnehmer ihre Arbeit als sinnvoll. Die zentrale Frage ist hierbei: Denke ich, dass Andere Freude durch meine Arbeit erfahren, und leiste ich zu etwas einen Beitrag, das gut für die Welt ist? Habe ich meine Bestimmung gefunden? Glaube ich an den Sinn und den Wert meiner Aktivitäten? Fühle ich mich persönlich mit meiner Arbeit und meiner Organisation verbunden? Eine Studie von Gallup zeigt, dass die Entwicklungen hinsichtlich dieser Betrachtung von Arbeitsfreude in

Deutschland nicht gerade rosig sind. Gallups so genannter Engagement-Index gibt an, dass der Anteil der Mitarbeiter, der sich mit der Organisation emotional stark verbunden fühlt, zwischen 2001 und 2003 von 16 auf 12 Prozent gesunken ist. Gleichzeitig ist der Anteil der Mitarbeiter ohne jegliche emotionale Beziehung von 15 auf 18 Prozent gestiegen. Es gibt für die deutschen Manager also viel zu tun!

Die drei Dimensionen *Flow*, *Fit* und *Faith* zeigen die eigentliche dynamische Kraft einer erfolgreichen Organisation mit Mitarbeitern auf, die zu dieser Organisation passen. In der optimalen Situation erlebt jeder Mitarbeiter: Ich tue etwas, das ich gut kann (Flow); mit Menschen, die einander verstärken (Fit); für ein Ziel, von dem ich glaube, dass es sinnvoll ist (Faith). Die Kombination dieser Dimensionen ist die Triebkraft für Arbeitsfreude. Die Konkretisierung dieser Kombination führt schließlich zu einer erfolgreichen, von Freude erfüllten Organisation.

Die Value Profit Chain

Nach der Theorie der Value Profit Chain liefern hoch motivierte, loyale und produktive Mitarbeiter den Kunden Werte, die diese dann in treues Käufer- und Botschafterverhalten umsetzen. Diese Werte schlagen sich wiederum in den finanziellen Ergebnissen nieder, so dass die Organisation dann im Stande ist, die Mitarbeiter noch stärker an sich zu binden (Heskett, Sasser und Schlesinger, 2003). Das Konzept der Value Profit Chain wurde ursprünglich als Service Profit Chain bezeichnet. Da dieser Begriff ungewollt Einschränkungen impliziert, die Theorie aber im Prinzip in jedem Bereich und jeder Organisation und nicht nur bei Dienstleistungsorganisationen anwendbar ist, ist der Begriff Value Profit Chain angebrachter. Der Grundgedanke der Value Profit Chain basiert auf dem Austausch von Werten in langfristigen Kontakten. Um diese Kontakte aufrechtzuerhalten, muss eine Organisation nicht nur nehmen, sondern auch geben. Die Werte, die die Organisation ihren Mitarbeitern in Form von ausreichendem Gehalt, sinnvoller Fortbildung und einer angenehmen Arbeitsumgebung bietet, motivieren die Mitarbeiter und ermöglichen es ihnen, auch den Kunden Werte zu bieten. Ist der Kunde zufrieden, wird diese Zufriedenheit in treues Käufer- und Botschafterverhalten umgewandelt. Dieses Verhalten sorgt bei der Organisation für Gewinn, schafft Kontinuität und, wenn es sich um ein börsennotiertes Unternehmen handelt, höhere Aktienwerte.

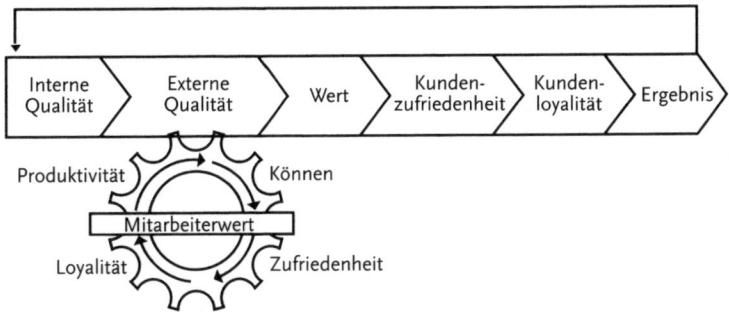

Abbildung 3: Die Value Profit Chain

Mitarbeiter sind das erste Glied in der Value Profit Chain. Zufriedene Mitarbeiter, insbesondere im Kundenservice, sind meistens enthusiastischer und produktiver und ihrer Organisation gegenüber loyaler als unzufriedene Mitarbeiter. Zufriedene Mitarbeiter sorgen somit für zufriedenere Kunden. Es geht also darum, dass eine Organisation zunächst Werte für ihre Mitarbeiter schafft. Lustmanagement ist das Zauberwort für eine Organisation, die ihren Mitarbeitern Werte bieten möchte. Dies gelingt, wie wir in den folgenden Kapiteln zeigen werden, nur dann, wenn man sich bewusst damit beschäftigt.

Viele Manager denken, dass sie ihre Mitarbeiter motivieren können, indem sie selbst hart arbeiten und mit gutem Beispiel vorangehen. Dies ist sicher hilfreich, aber beispielhaftes Verhalten und großer Einsatz des Managers reichen nicht aus. Dasselbe gilt für ein hohes Gehalt. Ein zu geringes Gehalt kann ein Grund sein, das Unternehmen zu verlassen. Aber ein hohes Gehalt ist keine Garantie für Zufriedenheit. Es geht darum, dass eine Organisation Werte für ihre Mitarbeiter schafft. Dies sollte auf die gleiche Art und Weise geschehen, wie ein Betrieb für seine Kunden Werte schafft, also Werte, die die Mitarbeiter als echt und essenziell erfahren. Diese Werte beruhen zum Teil auf dem Grad der Freiheit, den man dem Mitarbeiter gönnt, aber zum Teil auch auf der Bestätigung und Anerkennung der erbrachten Leistungen, einem offenen Klima, einer inspirierenden Arbeitsumgebung und einer guten Balance zwischen Arbeit und Privatleben. Im folgenden Kapitel gehen wir darauf noch weiter ein.

Eine Organisation muss natürlich nicht nur ihren Mitarbeitern Werte vermitteln, sie darf hierfür auch ganz klare Leistungen von ihnen erwarten. Das sind Leistungen, die sich vor allem im Kundenservice direkt auf die Kundenzufriedenheit auswirken und zu höheren Gewinnen führen. Dies bedeutet übrigens nicht, dass die Value Profit Chain nur in gewinnorientierten Organisationen funktioniert – ganz im Gegenteil. Sie lässt sich auch auf Non-Profit-Organisationen und staatliche Einrichtungen übertragen. Es geht nämlich nicht nur um den finanziellen Gewinn, sondern um die Leistung als Ganzes, wie niedrigere Kosten, ein besseres Image, größeres Vertrauen von Seiten der Bürger. Die Stadt Barcelona (Barcelona de Serveis Municipals) hat beispielsweise den Grundgedanken der Value Profit Chain in ihre Betriebsführung integriert. Das hat Konsequenzen für die Art und Weise, wie Vorgesetzte beurteilt werden. Die Beurteilungskriterien, die die Stadt Barcelona anwendet, sind unter anderem *effizientes Handeln, Leidenschaft für den Kunden entwickeln, Kommunikation, Anpassungsvermögen* und *Engagement*. Die Einwohner von Barcelona werden als Kunden betrachtet und unter den Gesichtspunkten Effizienz und Rentabilität als »Aktionäre« der Organisation gesehen. So geht die Stadt Barcelona auf die Tendenz ein, dass die Bürger heutzutage emanzipierter als früher sind und mehr Klarheit, Qualität und Effizienz für ihre Steuern verlangen.

Viele Wissenschaftler und Manager sind davon überzeugt, dass es einen Zusammenhang zwischen der Mitarbeiter- und der Kundenzufriedenheit gibt. In der Praxis wird diesem Zusammenhang allerdings wenig Aufmerksamkeit geschenkt. Investitionen in Mitarbeiterzufriedenheit werden im Allgemeinen nicht als etwas angesehen, das in der Zukunft zu Resultaten in Form von Kundenzufriedenheit und höheren Gewinnen führen kann. Und umgekehrt schenken die meisten Marketinginvestitionen der Tatsache, dass sie die Zufriedenheit und Loyalität der Mitarbeiter beeinflussen können, keine Beachtung.

Es ist also oft nicht leicht, konkrete Schlüsse aus der Logik, die man der Value Profit Chain entnehmen kann, zu ziehen. Dies kann kaum an einem mangelnden Beweis für den Zusammenhang zwischen Mitarbeiterzufriedenheit, Kundenzufriedenheit und Gewinn liegen, denn dieser ist überwältigend. In vielen Ländern und ganz unterschiedlichen Bereichen hat man inzwischen hunderte von Untersuchungen durchgeführt, die diesen Zusammenhang immer wieder bestätigen. Außerdem wird die Bedeutung der Value Profit Chain auch noch von Dutzenden Praxisbeispielen bestätigt. Hier wollen wir nur zwei Untersuchungsergebnisse näher beleuchten. Forschungen bei Dienstleistungsorganisationen, die mit dem »Transaktionsmodell« (relativ wenig intensive Kontakte zwischen Dienstleistern und Kunden) arbeiten, wie zum Beispiel Warenhäuser, Supermärkte, Fastfoodketten, Vergnügungsparks und Mittelklassehotels, zeigen, dass eine Steigerung der Mitarbeiterzufriedenheit um 10 Prozent im Allgemeinen eine Steigerung der Kundenzufriedenheit um 15 Prozent und eine Umsatzsteigerung von 1,5 bis 3 Prozent nach sich zieht (Rucci cs., 1998 und Towers Perrin). Die Umsatzsteigerung ist zwar relativ gering, aber es geht hierbei auch um Organisationen, die mit relativ kleinen Gewinnspannen und großen Volumina zu tun haben. Stellen Sie sich vor, welche Bedeutung ein Zuwachs von drei Prozent für den Umsatz von Lidl, Center Parks oder McDonalds hat! Nach der Logik der Value Profit Chain können wir davon ausgehen, dass die Hebelwirkung des Personals bei Organisationen, die auf dem »Kontaktmodell« (intensiver Kontakt zwischen Dienstleister und Kunden) basieren, noch viel größer ist. Dies hat sich auch in der Realität bewiesen. David Maister (2001) hat zum Beispiel in seinem Buch *Practice what you preach* die Daten von 139 Niederlassungen von 29 Dienstleistungsunternehmen in 15 Ländern und 15 verschiedenen Branchen analysiert. Er fand heraus, dass eine Erhöhung der Mitarbeiterzufriedenheit um 10 Prozent zu einer Erhöhung der Kundenzufriedenheit um 10 bis 15 Prozent führte, was wiederum den Umsatz um 42 Prozent erhöhte.

Ein Beispiel aus der Praxis: Southwest Airlines

Zahlen sprechen natürlich für sich, aber sie bieten kaum Möglichkeiten herauszufinden, welche Entwicklungen und Gründe sich dahinter verbergen. Wie kommen die Studien also auf die oben genannten Ergebnisse? Welche Maßnahmen unternehmen Organisationen, um die Value Profit Chain in die Praxis umzusetzen? Um diese Fragen zu beantworten, schauen wir hinter die Kulissen der äußerst erfolgreichen amerikanischen Fluggesellschaft Southwest Airlines. Die Geschichte des Betriebs ist inzwischen eine bekannte Erfolgsstory, die in unzähligen Artikeln, Büchern und Filmen nacherzählt wird. Die Fakten hinter dem Erfolg dieser Fluggesellschaft sprechen für sich. Der Betrieb, der einst als regionales Unternehmen mit vier Flugzeugen begann, wuchs innerhalb von drei Jahrzehnten zur fünftgrößten Fluggesellschaft, gemessen am Streckenaufkommen der Inlandsflüge, zur drittgrößten, gemessen an der Anzahl der transportierten Passagiere, und sogar zur größten, gemessen an der Anzahl der Flüge pro Tag. Der Betrieb macht bereits seit 31 Jahren Gewinn, ein Rekord, mit dem andere Fluggesellschaften nicht mithalten können. Dies ist auch den Aktienkäufern nicht verborgen geblieben: 2002 war der Marktwert des Unternehmens, ungefähr 9 Milliarden US-Dollar, höher als die Marktwerte aller anderen Fluggesellschaften zusammen.

Als einzige Fluggesellschaft hat es Southwest Airlines geschafft, die Folgen der Terroranschläge vom 11. September 2001 aufzufangen und in ein gewinnbringendes Resultat umzuwandeln. Während die Konkurrenz sich noch von dem Schreck erholte, startete Southwest Airlines einen Tag nach den Anschlägen ein drastisches Kostensparprogramm. Der Betrieb wurde dabei durch das freiwillige Angebot des Personals unterstützt, auf 30 Prozent ihres Lohns zu verzichten. Dieses Engagement des Personals hatte nicht nur zur Folge, dass der Betrieb relativ ungeschoren aus einer der schwersten Krisen, die die Luftfahrtbranche jemals getroffen hat, davonkam, sondern auch, dass er sich im Gegensatz zu anderen Gesellschaften nicht durch Massenentlassungen retten musste. Und das ist noch nicht alles: Mit ihrem *Simple Service Concept* hat Southwest Airlines eine wahre Revolution in der Luftfahrtindustrie ausgelöst. Einst eine Branche, die man vor allem mit elitärem Weltbürgertum assoziierte, richtet sich die Luftfahrtindustrie heute immer mehr auf die Bereitstellung von preisgünstigem, aber abgespecktem Service aus.

Anfangs sahen die etablierten Fluggesellschaften Billigflieger wie Southwest Airlines übrigens gar nicht als echte Konkurrenten. Man erwartete, dass diese Betriebe ganz neue Passagiergruppen ansprechen würden, die, gelockt durch den günstigen Preis, vom Auto oder Zug auf das Flugzeug umsteigen würden. Als jedoch der Erfolg von Southwest Airlines und der europäischen Nachahmer wie Virgin Atlantic, Easy Jet und vor allem Ryanair wuchs und sichtbarer wurde, begannen auch die etablierten Gesellschaften, ihr Augenmerk auf *Simple-Service-Konzepte* zu richten. So buhlten auf dem amerikanischen Markt Start-ups wie Delta Express (Delta Airlines), Continental Lite (Continental), MetroJet (US Airways) und United Shuttle (United Airlines) um die Gunst der Reisenden. In Europa versuchten unter anderem V Bird (das inzwischen Insolvenz angemeldet hat), Germanwings, KLM (mit Basiq Air und Buzz) und British Airways (Go), den Erfolg von Southwest Airlines zu wiederholen. Bis auf wenige Ausnahmen scheiterten all diese Versuche jämmerlich. Was kann Southwest Airlines, was andere Gesellschaften nicht können? Über diese Frage wurde in den letzten Jahren viel spekuliert. In der Regel werden zwei

Gründe angeführt, um den Erfolg zu erklären. Der erste Grund betrifft die »harte Seite«, nämlich die Strategie und das Unternehmensmodell von Southwest Airlines. Seit seiner Gründung hat das Unternehmen eine bemerkenswerte Kontinuität in Strategie und Ressourcennutzung an den Tag gelegt. Southwest Airlines fliegt hauptsächlich kleinere Flughäfen an, die in Stadtnähe liegen. Man fliegt relativ moderne Boeings 737, weshalb die Treibstoff- und Unterhaltskosten vergleichsweise gering sind. Außerdem werden relativ kurze Strecken zwischen Städten, ohne einen zentralen Umsteigepunkt, geflogen. Als größten Konkurrenten auf diesen Routen sieht Southwest Airlines nicht etwa andere Fluggesellschaften, sondern das Auto an. Indem man einen zentralen Umsteigepunkt umgeht, werden auch Verspätungen vermieden, die das gesamte System beeinflussen. Die Kombination von kurzen, einfachen Hin- und Rückflügen und sehr kurzen Bodenzeiten macht Southwest Airlines zu einer äußerst rentablen Fluggesellschaft. Verglichen mit der Konkurrenz werden die Flugzeuge viel intensiver ausgenutzt. Dies führt zu geringeren Kosten, die sich in niedrigeren Preisen für die Kunden niederschlagen. Dies führt wiederum zu einem Anstieg des Ticketverkaufs – auf manchen Strecken zwischen 200 und 300 Prozent. Außerdem hält Southwest Airlines die Tarife überschaubar, denn im Unterschied zur Konkurrenz bietet Southwest Airlines für gewöhnlich nur zwei Tarife pro Strecke an, den normalen und den Tiefpreis. Um die Betriebsabläufe weiter zu vereinfachen, serviert Southwest Airlines auf seinen Flügen keine Mahlzeiten, und es gibt keine reservierten Sitzplätze.

Ein wichtiger Teil des Kostenvorteils kommt aufgrund der bemerkenswerten Produktivität des Personals von Southwest Airlines zustande. Hart arbeitende, motivierte Mitarbeiter verschaffen Southwest Airlines im Vergleich mit der Konkurrenz einen gewaltigen Vorsprung. Während andere Fluggesellschaften mindestens 35 Minuten benötigen, um ein Flugzeug nach der Landung wieder startklar zu machen, schafft Southwest Airlines dies in weniger als 15 Minuten. Diese Schnelligkeit hat nicht so viel mit schwererer, sondern mit effizienter Arbeitseinteilung zu tun. Außerdem fliegt Southwest Airlines nur mit einem Flugzeugtyp, so dass die Piloten und das Kabinenpersonal leicht eingewechselt und im Falle von Reparaturen oder Ausfall leichter Lösungen gefunden werden können.

So eine große Neuerung, wie die Strategie vor drei Jahrzehnten auch war, und so genial, wie das Betriebsmodell von Southwest Airlines auch ist, die genannten »harten Faktoren« bieten keinen ausreichenden Beweis für den andauernden Erfolg des Unternehmens. Erfolgreiche Strategien und Betriebsmodelle können immerhin leicht kopiert werden. Doch obwohl das auch in großem Umfang geschehen ist, sind die Nachfolger bei weitem nicht so erfolgreich gewesen. Die meisten Southwest Airlines-Nachahmer waren sogar gezwungen, die Flinte nach kurzer Zeit ins Korn zu werfen. Es muss also noch eine andere Ursache geben, die für den Erfolg von Southwest Airlines verantwortlich ist. Diese Ursache vermuten einige im Führungsstil des Unternehmensgründers Herb Kelleher gefunden zu haben. Mit Kelleher hatte Southwest Airlines eine ganz besondere Führungspersönlichkeit im Haus. Ein fanatischer Arbeiter, ein Mann, der auf jedes Detail achtet, ein echter Provokateur mit verrückten Ideen, ein Mann, der hart ist, wenn es um Inhalt, und sanft, wenn es um Beziehungen geht, jemand, der auf menschliche Gefühle eingehen kann und vor allem auf die der Medien. Kelleher hat vor allem mit seinen unzähligen Aussagen, dass sein Unternehmen auf den beiden Säulen »Liebe« und »Freude« gebaut sei, die Aufmerksamkeit auf sich gezogen. Um zu zeigen, dass es ihm mit diesen Säulen ernst war, wählte er den nahe Dallas gelegenen Flughafen Love Field als Heimatbasis. Außerdem warb Southwest Airlines jahrelang mit dem Slogan »The airline that love built«. Auf den Flugtickets wurde das Unternehmen mit der Abkürzung LUV gekennzeichnet. Um den Spaß während der Reise zu erhöhen, wurde das in Hotpants gekleidete Kabinenpersonal aufgefordert, sich vor allem spontan und nett zu zeigen. So bekamen die langweiligen Sicherheitsinstruktionen einen ganz neuen Charakter, indem sie zu mitreißenden Shows umgekrempelt wurden. Fliegen wurde amüsant, ein Erlebnis. Letztendlich spielen Humor und Freude in der Unternehmenskultur eine zentrale Rolle.

Obwohl Kellehers charismatische Eigenschaften die Unternehmenskultur zweifellos deutlich geprägt haben, wäre es falsch, den Erfolg von Southwest Airlines ausschließlich auf seine Magie und die etwas süßlich klingenden Worte wie Liebe und Freude zurückzuführen. Bemerkenswerterweise hat Southwest Airlines diese relativ vagen Begriffe in eine zielsichere und einmalige Kultur umgesetzt. Als Vertreter des Typs »harte Schale, weicher Kern« wäre Kelleher übrigens der Letzte gewesen, der süßliche Geschichten geglaubt hätte. Er hat Liebe immer als Leidenschaft für die Arbeit und die Bereitschaft übersetzt, einander zu unterstützen, wo es nötig ist. Innerhalb von Southwest Airlines bedeutet Liebe gegenseitige Verbundenheit, aber auch Authentizität. Gekünstelte Manieren und Standesdünkel waren Kelleher ein Graus. Ihm ging es um wahre Gefühle und echte Leidenschaft. Auf die Frage, warum er so erfolgreich sei, während seine Konkurrenz sich im Staub wälze, sagte Kelleher kürzlich: »Wir haben eine Vision und eine Leidenschaft, die ›Liebe für unsere Mitarbeiter und Kunden‹ heißt. Unsere Konkurrenten haben diese Vision nicht. Sie beschäftigen sich mit allerlei technischen Problemen und Marketingfragen. Sie stecken ihre Energie in komplizierte Strategien. Aber die Zeiten ändern sich. Menschen lassen sich nicht mehr auf den Arm nehmen. Sie sehen sofort, worin Energie und Liebe gesteckt worden sind.« (Gittel, 2003)

In der Unternehmenskultur von Southwest Airlines, die auf Liebe und Freude basiert, zeigen sich die drei Elemente der Value Profit Chain. Sie ist nicht nur darauf ausgerichtet, die höchste Produktivität und die niedrigsten Kosten zu generieren, um die beste Dienstleistungsqualität und den besten Kundenservice zu ermöglichen, sondern auch darauf, den angenehmsten Arbeitsplatz zu schaffen. Es ist kein Zufall, dass Southwest Airlines in den USA seit Jahren zu den begehrtesten Arbeitgebern gehört. 1998 wurde Southwest Airlines vom Fortune Magazine zur Nummer 1 der 100 besten Betriebe in Amerika, bei denen man arbeiten kann, gewählt. Die Organisation strebt konsequent danach, einen angenehmen Arbeitsplatz zu schaffen. Colleen Barett, ehemalige Leiterin der »Abteilung Menschen« und heute Direktorin für Betriebsführung, sagt hierzu: »Wer sich gut fühlt und wer lacht, bietet besseren Service. Man muss kein großer Wissenschaftler sein, um dies herauszufinden.« (Pfeffer & O'Reilly, 2001) Viele Betriebe behaupten, dass der Mensch in ihrem Unternehmen an erster Stelle steht, Southwest Airlines handelt auch danach. Das Leitbild reflektiert diese Kundenorientierung: »Wir setzen uns dafür ein, unseren Arbeitnehmern eine stabile Arbeitsumgebung zu bieten, mit gleichen Chancen für Wachstum und Entwicklung. Kreativität und Innovationen werden unterstützt, um die Effizienz von Southwest Airlines zu verbessern. Vor allem werden wir Mitarbeitern das gleiche Engagement, die gleiche Pflege und den gleichen Respekt bieten, den wir von unseren Mitarbeitern unseren Kunden gegenüber erwarten.« (Pfeffer & O'Reilly, 2001)

In der Unternehmenskultur, mit der Southwest Airlines in die Öffentlichkeit trat, kommen die drei zu Beginn dieses Kapitels genannten Dimensionen von Arbeitsfreude, Flow, Fit und Faith, gut zur Geltung. Da die Mitarbeiter nicht nur ihren Aufgaben gewachsen sein, sondern auch ein Höchstmaß an Freude an ihrer Arbeit erleben sollen, ist Southwest Airlines äußerst selektiv beim Anwerben von neuen Mitarbeitern. Obwohl der Betrieb wegen seines guten Rufs ein begehrter Arbeitgeber ist, wird nur ein Bruchteil, im Allgemeinen weniger als 2 Prozent, aller Bewerber auch tatsächlich eingestellt. Nur mit etwa 18 Prozent der Bewerber wird ein Gespräch geführt. Dabei wird an erster Stelle nicht auf Zeugnisse, sondern auf persönliche Haltung und Einstellungen geachtet. Während des Auswahlverfahrens kommt der Bewerber mit zukünftigen Kollegen in Kontakt. Werden neue Mitarbeiter im Kundenservice wie beispielsweise als Kabinenpersonal gesucht, finden auch Konfrontationen mit Kunden statt. Southwest Airlines wendet keine Persönlichkeitstests an, sondern konzentriert sich vor allem auf das tatsächliche Verhalten des Bewerbers.

Die »Abteilung Menschen« ist sich übrigens darüber im Klaren, dass das Unternehmen jährlich Zehntausende von Kandidaten abweist. All diese Kandidaten sind potenzielle Kunden. Um dafür zu sorgen, dass niemand trotz einer Absage ein schlechtes Bild über das Unternehmen bekommt, tut man alles, um dem Bewerber zu erklären, warum er nicht in das Team von Southwest Airlines passt.

Wurde der Bewerber von Southwest Airlines eingestellt, spielen Schulungen eine wichtige Rolle. Im eigenen Schulungszentrum werden jährlich über 25 000 Mitarbeiter ausgebildet. Der Schwerpunkt liegt dabei nicht nur auf den Fähigkeiten, besser, schneller und billiger zu arbeiten, sondern auch darauf, ausgezeichneten Kundenservice zu bieten, die Unternehmenskultur zu erhalten und Verständnis für Kollegen aus anderen Aufgabenbereichen zu zeigen. Letzteres bringt uns auch zur sozialen Dimension der Southwest Airlines-Unternehmenskultur. Im Gegensatz zu dem, was man von einem Billiganbieter erwartet, stehen innerhalb des Betriebs nicht nur Menschen, sondern vor allem zwischenmenschliche Beziehungen im Mittelpunkt. Die amerikanische Forscherin Jody H. Gitell, die jahrelang nach den Ursachen des Southwest Airlines-Erfolgs geforscht hat, nennt als wichtigsten Grund für den Vorsprung, den der Betrieb gegenüber seinen Konkurrenten hat, dass der Betrieb äußerst starke Beziehungen zwischen verschiedenen Mitarbeitergruppen sowie zwischen Mitarbeitern und Kunden fördert.

Während andere Fluggesellschaften unter einer starren Unternehmenshierarchie, gegenseitigem Unverständnis und schlechter Zusammenarbeit zwischen den unterschiedlichen Berufsgruppen zu leiden haben, arbeitet man bei Southwest Airlines gemeinsam, um die gesetzten Ziele zu erreichen. Was bei den Konkurrenten aufgrund von jahrelang eingehämmerten Statusunterschieden undenkbar ist – Piloten, die helfen, um die Gepäckabfertigung zu beschleunigen, und Stewardessen, die beim Aufräumen der Kabine helfen –, ist bei Southwest Airlines an der Tagesordnung. Eine der wichtigsten Antriebskräfte, die hinter dieser einträchtigen Zusammenarbeit stecken, ist die gleichwertige, hierarchielose Kultur, die sich auf Vertrauen und persönlichen Beziehungen gründet und im Laufe der Zeit entwickelt worden ist. Die Kultur von Southwest Airlines ist nicht einfach gewachsen, sondern wurde Stück für Stück aufgebaut. Es gibt zum Beispiel innerhalb des Betriebs ein Komitee, das aus verschiedenen Mitarbeitern aller Abteilungen des Unternehmens besteht und sich damit beschäftigt, den Geist von Southwest Airlines zu bewahren. Diese Menschen arbeiten oft hinter den Kulissen an Projekten, die die informelle Atmosphäre, die persönlichen Beziehungen und das gegenseitige Vertrauen stimulieren und stärken, wo immer es nötig ist. Die Sinngebungsdimension wird damit indirekt schon genannt. Wer bei Southwest Airlines arbeitet, tut dies nicht, um viel Geld zu verdienen. Die Löhne sind marktkonform. Dabei wird viel Wert auf kollektive Belohnungen und gemäßigte Lohnerhöhungen gelegt. Kelleher gehörte als Vorstandsvorsitzender zu den fünf schlecht bezahltesten Führungskräften in Dallas. Gemessen an seiner Leistung wurde er sogar am schlechtesten bezahlt. Die Überzeugungskraft von Kelleher und seinen Mitarbeitern liegt nicht im Geld, sondern in den Werten, Auffassungen und Verhaltensweisen, die sie an den Tag legen. Werte, die sich stark von den in der Branche üblichen unterscheiden. Werte, die nicht jeden ansprechen. Werte, die in einmalige Systeme und Arbeitsweisen umgesetzt werden und die zusammen mit der Unternehmensstrategie die Basis des beispiellosen Erfolgs des Unternehmens bilden.

Die Tatsachen sprechen für sich

Dass das Interesse am Personal und Freude an der Arbeit einen hohen Stellenwert in der Unternehmenskultur einnehmen, zeigen die Leitbilder und Prinzipienerklärungen von Organisationen. Heute verkünden Betriebe beinahe einstimmig, dass ihre Mitarbeiter ihr wichtigstes Kapital sind, dass alle Aktivitäten darauf gerichtet sind, zufriedene und loyale Mitarbeiter auszubilden oder dass sie den Wert ihrer Mitarbeiter in den Mittelpunkt stellen. Schöne Worte, aber da die Wirklichkeit längst nicht immer mit dieser Einstellung übereinstimmt, oft auch leere Versprechungen. Die Wichtigkeit von Arbeitsfreude ist für Organisationen in der Realität oft komplizierter. Oft sieht man sie als Luxusgut, das man sich nur leisten kann, wenn es finanziell gut läuft. Dennoch häufen sich die Beweise, dass Arbeitsfreude zum Erfolg von Organisationen beiträgt. Am Ende dieses Kapitels betrachten wir noch einmal kurz einige Studien zu diesem Thema.

Mehrere Untersuchungen aus den letzten Jahren deuten in dieselbe Richtung: Personalmanagement rentiert sich. Umsatz und Gewinn steigen bei guter Personalführung, und seit kurzem scheint auch der Zusammenhang zwischen guter Personalführung und hohen Marktwerten von Betrieben erwiesen zu sein. Eine Studie von Gallup aus dem Jahre 1999 zeigt, dass eine Steigerung der Betriebsleistungen und die Entwicklung der Mitarbeiter einhergehen. Dies fordert natürlich einen bestimmten Führungsstil. Manager, die gute Arbeit leisten, schaffen ein Betriebsklima, in dem die Mitarbeiter Beachtung finden und sich optimal entwickeln und somit zu den Betriebsleistungen beitragen können. Gallup fand in seiner Studie einen starken Zusammenhang zwischen Betriebsergebnissen und der Art und Weise, wie Manager es schafften, ein anziehendes und produktives Arbeitsklima durchzusetzen. Ein solches Klima motiviert und schafft ein Band zwischen Menschen. Eine erst kürzlich veröffentlichte Studie von Gallup zeigt, dass diese Schlussfolgerung auch umgekehrt gilt: Durch fehlendes Engagement am Arbeitsplatz entsteht in Deutschland ein jährlicher gesamtwirtschaftlicher Schaden zwischen 234 und 245 Milliarden Euro (Gallup, 2004).

Watson Wyatt Brans & Co. gehen noch einen Schritt weiter. Sie haben den Zusammenhang zwischen Personalführung und dem Aktienwert (dem so genannten Human Capital Index) untersucht, wobei der Geschäftsverlauf von 750 börsennotierten Unternehmen in den USA, Kanada und Europa über einen Zeitraum von über drei Jahren festgehalten wurde. Dabei kam man zu dem Ergebnis, dass Unternehmen, die hinsichtlich der Effektivität des Personalmanagements gut abschnitten, im Durchschnitt einen dreimal so hohen Aktienwert erreichten wie Betriebe, die hier schlecht abschnitten. Die Studie zeigt außerdem, dass vor allem fünf Personalthemen für den Aktienwert wichtig sind: Anwerbung und Auswahl, Belohnung und Wertschätzung, kollegiale Beziehungen, interne Kommunikation und zielstrebiger Einsatz von unterstützenden Technologien. Aus einer anderen Studie unter ungefähr 200 europäischen Betrieben zieht Watson Wyatt die Schlussfolgerung, dass Betriebe, die über eine professionelle und strategische Personalführung verfügen, einen siebenmal höheren Marktwert haben als Betriebe, die hier unzulänglich arbeiten. Die Studie von Watson Wyatt zeigt sogar, dass eine gute Personalführung mehr Einfluss auf die finanziellen Resultate hat als die finanziellen Resultate auf eine gute Personalführung.

Auch die deutschen Forscher Hoffmann und Kopp (2004) stellen einen klaren Zusammenhang zwischen Mitarbeiterzufriedenheit und Kundenzufriedenheit fest.[1] Gleichzeitig sehen sie auch einen Zusammenhang zwischen Mitarbeiterzufriedenheit und objektiv messbaren Qualitätsaspekten. Die Beobachtungen fanden im Abstand von einem Jahr statt. Investitionen in Mitarbeiter(zufriedenheit) rentieren sich also nicht von heute auf morgen, es dauert eine Weile, bevor sich der Effekt zeigt. Im zweiten Jahr hält der Effekt auf jeden Fall, wenn auch sein Einfluss leicht sinkt.

Der amerikanische Forscher John McKean (2002), der sich auf eine Studie von sechs Business Units eines Telekommunikationsunternehmens stützt, kommt zu dem Ergebnis, dass, gemessen auf einer Skala zwischen 0 und 1, sowohl zwischen Mitarbeiterzufriedenheit und Kundenzufriedenheit (0,75) als auch zwischen Kundenzufriedenheit und Aktienwert (0,63) eine wichtige Wechselwirkung besteht.

Die Investition in Mitarbeiter ist ein zentrales Ziel des englischen Gütezeichens *Investors in People (IIP)*. Organisationen, die ein effektives Programm für Investitionen in Arbeitskräfte vorzeigen können, haben die Möglichkeit, dieses Gütezeichen zu erhalten. Obwohl das Gütezeichen relativ einseitig auf Schulungen ausgerichtet ist und andere Elemente wie zum Beispiel Anwerbung, Auswahl und Kommunikation (zu) wenig beachtet werden, zeigt eine Studie, die im Rahmen dieses Programms durchgeführt wurde, dass die Anstrengungen sich lohnen. Verglichen mit anderen Betrieben, die nicht an diesem Programm teilnahmen, ist die Zufriedenheit bei der Arbeit fast zweieinhalbmal so groß (94 Prozent bei IIP-Betrieben, gegenüber 37 Prozent bei anderen) und das Engagement sogar 19-mal so groß (57 Prozent gegenüber 3 Prozent). Die Studie zeigt außerdem, dass der Effekt des Programms vor allem in den besseren Arbeits-

---

1) Nach dem ersten Jahr ist der standardisierte Korrelationskoeffizient 0.41. Im folgenden Jahr ist dieser 0.31.

beziehungen, besserer Kommunikation und Leistung und in dem Plus an Arbeitsfreude und Produktivität gesucht werden muss. Untersuchungen des Institute for Employment Studies aus dem Jahre 2000 zeigen, dass bei Betrieben, die an dem Programm teilnehmen, nicht nur die Mitarbeiterzufriedenheit substanziell größer ist (im Durchschnitt 15 bis 20 Prozent), sondern dass auch die finanziellen Leistungen, gemessen an Umsatz und Gewinn, im Schnitt 17 Prozent höher liegen (mit Ausreißern bis über 50 Prozent).

Wir können uns dem Thema auch noch von einer anderen Seite nähern und uns fragen, welchen Wert die Mitarbeiter haben, die Freude an der Arbeit haben und zufrieden sind. Denn Kompetenzen und Leistungen von Mitarbeitern sind oft nicht leicht zu bewerten, und man muss nicht nur die heutigen, sondern auch die zukünftigen Beiträge eines Mitarbeiters mit einfließen lassen. Obwohl es aus verschiedenen Gründen schwierig ist, den Wert eines Mitarbeiters festzustellen, werden immer mehr Versuche unternommen, diesen doch zu bestimmen. Heskett, Sasser and Schlesinger bieten hierzu in ihrem Buch *The Value Profit Chain* nicht nur wertvolle erste Schritte, sondern zeigen auch auf, wie ein Mitarbeiter, der Freude an seiner Arbeit erlebt, zu einer produktiveren Arbeitsumgebung beiträgt. Ein solcher Mitarbeiter liefert Werte, indem er (Heskett, Sasser & Schlesinger, 2003):

- andere Mitarbeiter durch seine Motivation inspiriert,
- Ideen für neue Produkte/Dienstleistungen liefert,
- Ideen für eine Verbesserung der heutigen Dienstleistung liefert,
- für zufriedene Kunden sorgt, die dann als Botschafter fungieren,
- gute Kunden anzieht,
- durch Empfehlungen gute neue Mitarbeiter anzieht,
- Produktion und Umsatz steigert,
- Kenntnisse weitergibt,
- Unternehmenskultur weitergibt.

Rückschau und Vorausblick

In diesem Kapitel haben wir gezeigt, dass Organisationen ihren Mitarbeitern Werte nicht nur in Form von Arbeitsfreude bieten können, sondern dass sie dafür wahrscheinlich auch Werte in Form von optimalen Leistungen zurückbekommen. Da uns das bekannt ist, drängt sich die Frage auf, ob man diesen Prozess des Gebens und Nehmens von Werten managen kann und, wenn ja, wie. Diese Fragen beantworten wir in den nächsten Kapiteln, in denen wir auf die verschiedenen Aspekte von Lustmanagement eingehen.

Stellen Sie sich die folgenden Fragen

1) Finde ich die drei Dimensionen von Freude, *Flow, Fit* und *Faith*, in meiner eigenen Arbeit? Welche dieser drei Dimensionen erscheint mir am wichtigsten?

2) Spielen die drei Dimensionen innerhalb meiner eigenen Organisation eine Rolle? Höre ich ab und zu von Menschen, die eine *Flow*-Erfahrung gehabt haben? Stärkt das Band, das die Mitarbeiter verbindet, die Arbeitsfreude in meiner Organisation? Haben die Mitarbeiter meiner Organisation ein gemeinsames Ziel, das ihren täglichen Aktivitäten Sinn und Bedeutung verleiht?

3) Existiert der Grundgedanke der Value Profit Chain in meiner Organisation? (Loyale Mitarbeiter sorgen für loyale Kunden und diese wiederum für höheren Gewinn.)

4) Wird dieser Gedanke in konkrete Handlungsweisen umgesetzt? Gibt es sichtbare Auswirkungen?

5) Welche Werte biete ich meinen Mitarbeitern, und sehen sie diese auch als wertvoll an? Weiß ich, welche Mitarbeiter für meine Organisation am wertvollsten sind und welche am wenigsten wertvoll? Welches Potenzial steckt in meinen Mitarbeitern, und wie nutze ich das am effektivsten aus?

6) Bin ich in meiner Tätigkeit Organisationen begegnet, die, genau wie Southwest Airlines, das Anbieten und Fordern von Werten zum Kernpunkt ihrer Unternehmensführung gemacht haben? Welches waren die Triebfedern dieser Organisationen? Haben sie erfolgreich ihre Ziele erreicht?

Teil 2
Was ist Lustmanagement?

3
Die Pfeiler und Parteien der Arbeitsfreude

»Wir veranstalten praktisch nie einen
Umtrunk oder ähnliches, um ein
gelungenes Projekt zu feiern, im Gegensatz zu anderen Abteilungen.
Es geht mir nicht um den Umtrunk,
sondern um die Anerkennung, die der
Betrieb seinen Mitarbeitern entgegen-
bringt.«

Bemerkung in einer Mitarbeiterumfrage

»Nur gut informierte Mitarbeiter
sind motivierte Mitarbeiter.«

Werner Teuffel, Olympus Europe GmbH

Um das Konzept »Lustmanagement« weiter erläutern zu können, müssen wir zunächst wissen, welche Faktoren (im Folgenden »Pfeiler« genannt) Arbeitsfreude beeinflussen. Diese Freudepfeiler, die wir in jahre-
langer Zusammenarbeit mit dem Online-Anbieter BetterBeYourself entwickelt haben, zeigen uns die unterschiedlichen Aspekte, die Mitarbeitern
an ihrer Arbeit wichtig sind. Aus den Ergebnissen der Studie von Better-
BeYourself können wir außerdem schließen, welche Freudepfeiler im
Dienstleistungssektor den Mitarbeitern zufolge am wichtigsten sind.
Nachdem wir festgestellt haben, *was* Arbeitsfreude hervorruft, erörtern
wir weiter, *wer* Arbeitsfreude verursacht. Diese tragenden Personen nennen wir im Folgenden die verschiedenen »Parteien« von Arbeitsfreude.
Die Pfeiler und Parteien von Arbeitsfreude bilden die Basis für Lustmanagement.

Lustmanagement: die Pfeiler

Fragen Sie einen Mitarbeiter, was er hinsichtlich seiner Arbeit als wichtig empfindet, und Sie werden fast unweigerlich zu hören bekommen,

Lust & Leistung, Salem Samhoud, Hans van der Loo, Jeroen Geelhoed
Copyright © 2005 WILEY-VCH Verlag GmbH & Co. KGaA, Weinheim
ISBN: 3-527-50138-X

»dass mir die Arbeit Spaß macht«. Eigentlich sind Sie mit dieser Antwort immer noch nicht viel schlauer. Um als Manager Ihren Mitarbeitern ganz bewusst Werte anbieten zu können, müssen Sie herausfinden, was Ihre Mitarbeiter als wichtig empfinden. Sie müssen ihnen etwas bieten, das für sie wichtig und wertvoll ist. In den letzten Jahren wurde auf dem Gebiet der Arbeitsfreude viel geforscht. Die Ergebnisse dieser Forschungen verschaffen uns einen Einblick darüber, was Mitarbeiter wirklich wichtig finden. Dabei sollten Sie nicht nur an die Gehaltsabrechnung oder an den Firmenwagen denken. Das Problem ist umfassender und tiefgründiger, denn es geht um das Gesamtangebot der Organisation.

Balance	(Fit)
Freiheiten	(Fit, Flow)
Offenheit	(Faith, Fit)
Chancen und Herausforderungen	(Faith, Flow)
Bestätigung und Anerkennung	(Fit)
Inspirierende Arbeitsumgebung	(Faith, Fit, Flow)
Lohn und Beurteilung	(Fit)
Erlebnismomente	(Fit)

Abbildung 4: Die Freudepfeiler

Im vorangegangenen Kapitel haben wir die drei Dimensionen der »Freude an der Arbeit«, *Flow*, *Fit* und *Faith*, aufgezeigt. Diese wollen wir nun konkretisieren. Denn wenn wir bei der Arbeit über *Flow* sprechen, meinen wir damit Chancen, Herausforderungen, Freiheiten und Inspiration. Wenn wir *Fit* erwähnen, denken wir zum Beispiel an die Arbeitsumgebung oder die Balance zwischen Arbeit und Privatleben. Und wenn es um *Faith* geht, sagen wir damit etwas über wertvolle, sinnerfüllte Arbeit und Offenheit.

Mit Hilfe von statistischen Analysen haben wir ein Modell zur Entwicklung von Arbeitsfreude entwickelt: die Freudepfeiler. Diese sind die Hauptbestandteile des Konzepts Lustmanagement. Diese müssen von der Organisation umgesetzt werden, damit sie ein wertvoller Arbeitgeber wird. In Abbildung 4 sehen Sie eine Übersicht der unterschiedlichen Faktoren, die Arbeitsfreude beeinflussen.

Das Konzept besteht aus acht Freudepfeilern. Sie zeigen auf, was Mitarbeiter als wertvoll empfinden.

Balance

Arbeitsfreude wird durch eine gute Balance zwischen allen Facetten der Arbeit erhöht. Arbeitsreiche Perioden (Hochspannung) werden von ruhigeren Perioden (Niedrigspannung) abgelöst. Stress wird von Entspannung, Kritik von Komplimenten abgelöst. Zusätzlich spielt auch die Balance zwischen Arbeit und Privatleben eine wichtige Rolle. Dieser Pfeiler hat für Mitarbeiter in Deutschland eine hohe Priorität. Im Gegensatz dazu steht die Diskussion über längere Arbeitszeiten. Personalmanager stufen die Wichtigkeit der Balance zwischen Arbeit und Privatleben sehr niedrig ein. Bei ihnen kommt diese Balance erst an neunter Stelle (ISR, 2004). Dennoch müssen sich auch Manager damit befassen. Das wissenschaftliche Institut der AOK bezeichnete das Thema Balance sogar als einen Wettbewerbsfaktor. Denn wenn Arbeit und Privatleben aus der Balance geraten, steigt die Zahl der Arbeitsunfälle durch psychische Erkrankungen.

Die folgenden Bemerkungen machten Mitarbeiter zu der Frage, welche Bedeutung Balance zwischen Arbeit und Privatleben für sie hat:

- nachlassende Arbeitsbelastung,
- nicht ausschließlich arbeiten,
- Abwechslung bei der Arbeit,
- genügend Zeit zu Hause verbringen.

Freiheiten

Für Mitarbeiter ist es wichtig, dass sie die Freiheit haben, innerhalb bestimmter Grenzen ihrem eigenen Urteil zu folgen. Diese Grenzen werden nicht durch formale Funktions- und Aufgabenbeschreibungen festgelegt. Sie konkretisieren die Vision, die letztendlichen Ziele und die angestrebten Grundwerte des Unternehmens. Mitarbeiter müssen das Gefühl haben, dass sie ihre eigenen Ziele so weit wie möglich mit denen der Organisation in Einklang bringen können. Stehen sie einmal hinter diesen Zielen, müssen sie die Freiheit haben, sie auf ihre eigene Art und Weise zu erreichen. Professor Dr. Bram Bos, Dekan der Philosophischen Fakultät an der Freien Universität von Amsterdam (VU), erläutert: »Man muss einem guten Wissenschaftler die Freiheit bieten, das zu tun, was ihm oder ihr auch wirklich Spaß macht. Dann kommt auch etwas Gutes dabei heraus. Die vorprogrammierten und streng festgelegten Forschungsprogramme sind für die Kreativität und damit die Qualität fatal.« (De Boer & Geelhoed, 2003)

Mitarbeiter schätzen die Möglichkeit, Kunden auf ihre eigene Art und Weise Ergebnisse zu liefern, ohne von Regeln, Abläufen und Systemen eingeschränkt zu werden, die sie für wenig sinnvoll halten. Die Freiheiten, die die Mitarbeiterzufriedenheit beeinflussen, führen auch Schneider und Bowen (1993) auf. Ihre Untersuchungen bei Kundenbetreuern von Versicherungen und Banken zeigen, dass die Freiheit, den Bedürfnissen der Kunden entgegenzukommen – die Untersucher nennen dies Servicevermögen –, zu 35 Prozent die Zufriedenheit der einzelnen Mitarbeiter bestimmt.

Freiheiten sind dazu da, Mitarbeitern die Möglichkeit zu Eigeninitiativen zu geben und ein Gefühl von gemeinsamem Eigentum zu schaffen: In einer Prozessorganisation müssen sich alle Mitarbeiter, nicht nur die Führungsspitze, für das Endergebnis verantwortlich fühlen. Zusätzlich zur Eigeninitiative bedeutet Freiheit auch, dass man Verantwortung trägt. Mitarbeiter eines bestimmten Arbeitsfelds entwickeln oft selbst die besten Lösungen für ein Problem.

Mitarbeiter der Stadtverwaltung der niederländischen Stadt Hengelo konnten es nicht mehr mit ansehen, dass qualifizierte Immigranten aus dem Irak nicht arbeiten durften. Die Regeln für staatliche Subventionen erreichten hier genau das Gegenteil davon, wofür sie bestimmt waren: die Schaffung von Arbeit und Einkommen. Als der damalige Minister Vermeend die Stadtverwaltung besuchte, wurde er mit den Folgen seiner eigenen Regeln konfrontiert. Er stimmte großzügig zu, die bestehenden Regeln so abzuändern, dass das Ziel, die Schaffung von Arbeit und Einkommen, erreicht werden konnte. Das Signal, das Vermeend damit gab, war deutlich: Ihr kennt die Leute, ihr kennt die Ziele. Handelt entsprechend. (Terpstra, 2002)

Die folgenden Bemerkungen machten Mitarbeiter zu der Frage, welche Bedeutung Freiheiten im Zusammenhang mit Arbeitsfreude für sie haben:

- nach eigenen Ansichten handeln können, um Ergebnisse zu erzielen oder Ziele zu erreichen,
- sich nicht eingeschränkt fühlen,
- flexibel handeln können,
- Besitzerstolz erfahren,
- an der Verwirklichung persönlicher Ideale arbeiten können,
- seine Zeit selbst einteilen können,
- Verantwortung tragen,
- die Möglichkeit, selbst Arbeitszeit und -platz wählen zu können.

Offenheit

»Wir haben in der Zeitung gelesen, dass unser Betrieb mit einem anderen fusionieren wird. Als ich meinen Manager um Informationen bat, wusste der auch von nichts.« In einem Unternehmen muss eine offene Kultur herrschen, in der man alles besprechen kann. Sowohl Mitarbeiter als auch leitende Angestellte müssen sich gegenseitig auf ihre Verantwortung hinweisen und ehrlich sagen, worum es ihnen geht. Durch Undeutlichkeit und vage Vermutungen gehen viel Energie und Freude verloren. Kurze Kommunikationswege und eine starke, informelle Kultur bilden wichtige Elemente für die Offenheit innerhalb einer Organisation. Dadurch, dass man seinen Mitarbeitern wichtige Firmeninformation auch wenn es um Finanzen geht, mitteilt und ihnen dabei die Möglichkeit bietet, Rückmeldungen zu geben, kann man den Marktwert eines Unternehmens um 2,2 Prozent erhöhen. Dies zeigt eine Studie von Watson Wyatt (2001). Auch David Maister (2001) zeigt in seinem Buch *Practice what you preach* auf, dass die Ehrlichkeit der leitenden Angestellten großen Einfluss auf die Arbeitsfreude hat. Offenheit ist also ein wichtiger Faktor für Arbeitsfreude. Dies zeigt auch die Studie von BetterBeYourself (2003). Oder, wie Werner Teuffel, Chef des Unternehmens Olympus GmbH, es ausdrückt: »Nur gut informierte Mitarbeiter sind motivierte Mitarbeiter.« (Göggelmann, 2004)

Anscheinend ist es in Zeiten, in denen das Wirtschaftswachstum nachlässt, wichtiger zu wissen, wie es eigentlich um den Betrieb steht. Deshalb müssen alle Mitarbeiter Zugang zu allen wichtigen Finanzinformationen haben.

Die folgenden Bemerkungen machten Mitarbeiter zu der Frage, welche Bedeutung Offenheit im Zusammenhang mit Arbeitsfreude für sie hat:

- keine politischen Spielchen,
- offene Kommunikation,
- Aufrichtigkeit,
- wissen, woran man ist,
- Zugang zu allen Informationen.

Chancen und Herausforderungen

Chancen und Herausforderungen sind wichtig, um die Arbeit attraktiv und spannend zu gestalten. Der Mitarbeiter muss seine Arbeit ständig als Herausforderung sehen und im Umgang mit dieser Herausforderung Erfüllung finden. Hierbei ist es wichtig, dass man immer wieder über Ziele, Träume und Wünsche nachdenkt. Besinnt man sich auf seine Ziele und Träume, die man für die Arbeit sowie für das eigene Leben hat, bekommt man eine bessere Vorstellung von dem, was man erreichen will. Von diesem Moment an sieht, hört und entscheidet man anders. Plötzlich entdeckt man Möglichkeiten, die man vorher übersehen hatte. Frederick Herzberg schrieb 1968 einen Artikel über menschliche Motivation. Er untersuchte dabei Faktoren, die typisch für Arbeitserfahrungen, die zu extremer Erfüllung geführt haben, sind. An erster Stelle stand »Leistung erbringen«. Vierzig Prozent der Befragten nannten in einer Umfrage von 1973 das Gefühl, etwas zu leisten, als Erfahrung extremer Erfüllung. Um Leistungen steigern zu können, muss es innerhalb der Organisation Chancen und Herausforderungen geben.

Kein Wunder, dass viele der Organisationen, die in Deutschland in den Top 50 der besten Arbeitgeber stehen, sich bewusst mit dem Pfeiler »Chancen und Herausforderungen« befassen.

Man kann nicht auf Chancen eingehen, ohne Fehler zu machen. Ein wichtiger Anstoß für Arbeitsfreude ist das Bewusstsein, dass Fehler erlaubt sind. Fehler, die aus Leidenschaft und Enthusiasmus entstehen, sind wichtige Lernmomente, die zu persönlichem Wachstum führen. In einer Organisation, in der Fehler toleriert werden, ist meistens ein Sicherheitsventil eingebaut, das auf dem so genannten Fast-Failure-Forward-Prinzip basiert. Dieses Prinzip bedeutet, dass man Fehler so früh wie möglich entdeckt, um den eventuellen Schaden zu minimieren.

Die folgenden Bemerkungen machten Mitarbeiter zu der Frage, welche Bedeutung Chancen und Herausforderungen im Zusammenhang mit Arbeitsfreude für sie haben:

- die Möglichkeit, sich persönlich zu entwickeln,
- berufliche Weiterentwicklung,
- Angebot von Fortbildungskursen und Training,
- Abwechslung bei der Arbeit,
- Kreativität und Experimentierfreude,
- Beteiligung,
- die Möglichkeit, sein Wissen zu teilen.

Bestätigung und Anerkennung

»Das hast du gut gemacht. Super!« Es ist wertvoll, solch ein Lob zu ernten. Wer dieses Feedback bekommt, weiß, dass er jemandem geholfen hat und dass er etwas Wertvolles geleistet hat. Es ist wichtig, Anerkennung zu zeigen und zu empfangen. In der Studie von Herzberg (1968), die wir schon mehrfach zitiert haben, steht der Faktor »Anerkennung erbrachter Leistungen« an zweiter Stelle auf der Liste der Faktoren, die vollkommene Erfüllung in der Arbeit kennzeichnen. In 30 Prozent der untersuchten Fälle wurde Anerkennung als wichtiger Grund für Arbeitsfreude genannt. Eine Organisation sollte diesen Faktor deshalb stimulieren. Aber nicht nur Manager, sondern auch Kollegen untereinander, müssen gegenüber den Mitarbeitern ihre Anerkennung ausdrücken. Die wichtigste Form von Anerkennung ist allerdings die der Kunden. Ein Unternehmen hat zum Ziel, Kunden Werte zu liefern. Wenn die Kunden angeben, dass sie dies zu schätzen wissen, muss dieses Lob seinen Weg zu den Mitarbeitern finden, die die Leistung erbracht oder zumindest dazu beigetragen haben.

Die folgenden Bemerkungen machten Mitarbeiter zu der Frage, welche Bedeutung Anerkennung im Zusammenhang mit Arbeitsfreude für sie hat:

- ein Gefühl von Stolz und Erfüllung,
- personengerichtete Vorgehensweise,
- das Gefühl, nützliche und sinnvolle Arbeit zu leisten,
- Feedback bekommen und geben,
- gegenseitiger Respekt.

Inspirierende Arbeitsumgebung

»Ich will meine Kunden gerne gut und schnell bedienen, aber das System, mit dem ich arbeite, fällt ständig aus.« Die Umgebung, in der man sich befindet und die Ausstattung, mit der man arbeitet, beeinflussen die Freude, die man an der Arbeit hat, und auch die Leistungen, die man für den Kunden erbringen will. Der Arbeitsplatz ist eine Umgebung, in der man täglich viele Stunden verbringt und die damit auch einiges an Aufmerksamkeit verdient.

Unterschiedliche Betriebe gehen damit inzwischen sehr fortschrittlich um. Immer mehr Firmen bieten ihren Mitarbeitern ausgeklügelte, von Designern entworfene Bürokonzepte mit Bars, Sitzgruppen, Fitnessräumen, Ruhezimmern, Kunstwerken oder Wohnzimmern. Andere Betriebe lassen ihre Mitarbeiter ihren Arbeitsplatz selbst einrichten. »Menschen, die ihre unmittelbare Umgebung selbst wählen und einrichten können, haben mehr Inspiration als solche, die in einem künstlerisch vollendeten Gebäude sitzen«. (Semler, 2003)

Ein guter Arbeitgeber ermöglicht auch eine reibungslose Kommunikation – ein zentrales Anliegen in der heutigen Dienstleistungswirtschaft. Studien zeigen, dass das ideale Büro in der Mitte über ein Atrium, eine Art offenen Innenhof, verfügt. Im Idealfall kann man von jedem Punkt des Gebäudes einen weiteren außer dem eigenen Flur sehen. Dadurch wird man ständig daran erinnert, dass es noch andere Mitarbeiter im Haus gibt. Es kommt allzu oft vor, dass ein Mitarbeiter gar nicht weiß, welches Know-how sich in seinem Unternehmen sonst noch verbirgt. Kommunikation entsteht oft nur durch zufällige Begegnungen, und es ist Aufgabe des Managers, diese »Zufälle« zu managen.

Studien zeigen auch, dass die Firma Deloitte & Touche, Sieger des »Best Office 2004« dies verwirklicht hat, indem sie für sich selbst ein Bürokonzept entwickelt hat, in dem Offenheit und Flexibilität im Mittelpunkt stehen. Erstens gibt es dort für unterschiedliche Funktionen unterschiedliche Arten von Arbeitsplätzen. Wenn der Unternehmensberater, der ohnehin die meiste Zeit bei Kunden verbringt, im Büro arbeiten möchte, bucht er sich seinen Desksharing-Arbeitsplatz im Großraumbüro. Und der Wirtschaftsprüfer zum Beispiel studiert in seinem eigenen Büro in Ruhe Aktenberge und Fachliteratur. Außerdem ist das – gläserne – Büro so eingerichtet, dass die Mitarbeiter auf einen Blick sehen können, wer da ist und wer nicht. Zusätzlich gibt es Orte der Begegnung, die der informellen Kommunikation, dem Schwätzchen zwischendurch, dienen: Treffpunkte mit Getränkebar statt der klassischen Teeküche. So wird signalisiert: Kommunikation ist erwünscht, sie ist keine Zeitverschwendung hinter verschlossenen Türen (Leendertse, 2004)

Dieser Freudepfeiler hat auch noch eine andere, immaterielle Seite: die Arbeitsatmosphäre. Die Vorstellung, dass man miteinander auf ein Ergebnis hinarbeitet, hat Arbeitsfreude zur Folge. Der holländische Managementguru Ben Tiggelaar schrieb seine Dissertation über dieses Thema. Er untersuchte das Verhalten von Managern und Mitarbeitern in schnell wachsenden Betrieben. Seine Hypothese lautet, dass die Mitarbeiter in einem solchen Betrieb überdurchschnittliche Leistungen erbringen. Der Grund hierfür ist ihm zufolge nicht so sehr die Tatsache, dass es in diesen Unternehmen um Supermenschen geht, sondern dass sie in einer inspirierenden Umgebung arbeiten. Der Arbeitsplatz ist in diesem Fall eine Umgebung, in der »Verhalten, das zum Wachstum beiträgt«, stimuliert wird. (Tiggelaar 2003)

Die folgenden Bemerkungen machten Mitarbeiter zu der Frage, welche Bedeutung die Arbeitsumgebung im Zusammenhang mit Arbeitsfreude für sie hat:

- die Qualität der Ausstattung,
- die Einrichtung des Arbeitsplatzes,
- die Arbeitsatmosphäre und –kultur,
- eine attraktive Aufgabe,
- mit »Gewinnern« zusammenarbeiten.

Belohnung und Beurteilung

»Ich will soundsoviel verdienen, ein Firmenauto, einen Laptop und ein Handy.« So etwa sahen die Forderungen zukünftiger Mitarbeiter in der Boomzeit des IuK-Sektors aus. Die primären und sekundären Arbeitsbedingungen waren die Themen, an die man bei »Werten, die man den Mitarbeitern bietet« als erste dachte, und zwar sowohl in wirtschaftlich guten als auch schlechten Zeiten.

Gehalt und Extras sind natürlich nicht unwichtig. Nicht wenige bauen ihren Status darauf auf. Aber es geht um mehr als das. Es geht auch darum, wie dieses Gehalt zustande kommt und in welchem Verhältnis es zur geleisteten Arbeit steht. Wenn ein Kollege mehr verdient und der Organisation weniger einbringt, wirkt das nicht motivierend.

Wenn wir einem Artikel von Gerbert glauben dürfen, finden deutsche Arbeitnehmer ihr Gehalt relativ wichtig: Auf die Frage »Was ist das Wichtigste an meiner Arbeit?« antworteten 44 Prozent: »Das Geld, das ich dabei verdiene.« Es gibt natürlich große Unterschiede je nach Bildungsniveau der Mitarbeiter. Von den Arbeitnehmern mit Hauptschulabschluss finden 50 Prozent Geld am wichtigsten. Bei den Arbeitnehmern mit Abitur oder Hochschulabschluss sind dies nur etwa 37 Prozent (Gerbert, 2004). In einer Studie, in der wir selbst 1 042 deutsche Mitarbeiter im Dienstleistungsbereich befragt haben, scheinen »Belohnung und Beurteilung« allerdings viel weniger stark zusammenzuhängen. Mit anderen Worten: »Belohnung und Beurteilung« sind Dissatisfiers (Hygienefaktoren), so unsere Analysen. Ein gutes Basisgehalt und gute Arbeitsbedingungen stellen für ein Unternehmen nur die Eintrittskarte zum Arbeitsmarkt dar. Bei variabler Belohnung oder Belohnung nach Leistung in Form von zum Beispiel Bonuszahlungen oder Aktienanteilen ist das anders. Hier gilt allerdings die Bedingung, dass ein klarer Zusammenhang zwischen der Zuteilung dieser Belohnungen und den wirklich erzielten Ergebnissen einzelner oder mehrerer Mitarbeiter bestehen muss. »Ergebnisse« definieren wir übrigens im quantitativen und qualitativen Sinn.

Erlebnismomente

Erlebnismomente sind Zeiten, in denen sowohl die Organisation als auch die Mitarbeiter Stress abbauen und sich mit etwas anderem als der eigentlichen Arbeit beschäftigen können. Diese kann man in Organisations- und »Abschalt« zeiten aufteilen. Die Arbeit nimmt meist so viel Zeit und Energie in Anspruch, dass die Erfolge, die man erreicht hat, kaum Beachtung finden. Organisationserlebnismomente sind Zeiten zum Entspannen, die die Organisation bietet. Sie geben einem die Muße, die eigenen Leistungen und Aktivitäten und auch die der Organisation zu überdenken. Wir nennen diese Zeiten »Freudekondensmomente«, »Momente des Freude-Tankens«. Dadurch, dass Erfolge geteilt und gefeiert werden, entsteht ein Gefühl von Stolz und Zusammengehörigkeit. Erlebnismomente in der Organisation bieten auch etwas, an das man mit Freude zurückdenken kann, wenn es einmal nicht so gut läuft. Beispiele hierfür sind Höhepunkte für Organisation und Mitarbeiter, zum Beispiel ein großer Auftrag, das zehnjährige Jubiläum einer Abteilung, der Abschluss, den ein Mitarbeiter bekommen hat oder das Erreichen von Meilensteinen bei einer wichtigen Aufgabe. Auch Feiertage können in Erlebnismomente in der Organisation umgewandelt werden, zum Beispiel mit einem Osterbrunch oder einer Adventsfeier.

Die Organisation bietet ebenfalls Gelegenheiten zum Abschalten, damit die Mitarbeiter sich entspannen und eine kurze Weile mit etwas anderem als der eigentlichen Arbeit beschäftigen können. Denn wenn man ab und zu Abstand von seiner Arbeit gewinnt, wirkt sich dies positiv auf die Arbeitseffektivität aus. Entlastungsmomente sind wichtig, um das Verhältnis zwischen Mensch und Firma zu relativieren. Arbeitsdruck an sich ist nicht schlecht, aber es ist notwendig, ab und zu das richtige Verhältnis zu wahren: Niemand ist unersetzbar. Beispiele hierfür sind ein Entspannungsraum mit einer Leseecke, einer Tischtennisplatte oder einem Flipperautomaten, die Möglichkeit, Musik zu hören, einfach einen Tag frei zu nehmen oder die Freiheit, nach draußen zu gehen.

Selbst in großen Unternehmen wie Wal-Mart sind Momente des Feierns wichtig, so Sam Walton in seinen *Zehn goldenen Regeln für Erfolg*. Regel Nummer sechs lautet: »Feiere deine Erfolge und nimm deine Misserfolge mit Humor, nimm dich selbst nicht zu ernst. Zeige deutlich, dass die Arbeit dir Spaß macht, und sei immer enthusiastisch. Wenn nichts mehr funktioniert, verkleide dich und singe ein verrücktes Lied!«

Es geht bei Erlebnismomenten allerdings nicht um inhaltslosen »Fun« – obwohl auch das manchmal helfen kann, das Eis zu brechen. Es geht vor allem darum, dass Erfolge gefeiert werden. Darum tut man als Manager gut daran, sich zu fragen: »Wissen meine Mitarbeiter, wenn sie gute Arbeit leisten? Wissen sie, wann sie erfolgreich sind?« Erlebnismomente und Zielorientierung gehören deshalb zusammen.

Die folgenden Bemerkungen machten Mitarbeiter zu der Frage, welche Bedeutung Erlebnismomente im Zusammenhang mit Arbeitsfreude für sie haben:

- »Wir haben ein starkes Zusammengehörigkeitsgefühl.«
- »Wir sind stolz auf unsere Ergebnisse.«
- »Wir lachen und haben Spaß miteinander.«
- »Wir können relativieren.«
- »Wir können auch über andere Sachen als die Arbeit sprechen.«

Untersuchungen zum Thema Arbeitsfreude

Wie wir gesehen haben, gibt es viele Themen, die mit Arbeitsfreude zu tun haben. In der letzten Zeit haben sich zahlreiche Studien damit beschäftigt. Auch in den Medien ist dazu viel veröffentlicht worden. Im Vorfeld haben wir bereits einige Namen genannt, zum Beispiel Schneider & Bowen, Herzberg, Maister und Institute wie Watson Wyatt, Great Place to Work, ISR, Towers Perrin sowie BetterBeYourself/&Samhoud. Letztere haben 2004 in einer Studie 1 042 Mitarbeiter deutscher Dienstleistungsunternehmen befragt. In dieser Studie wurde Arbeitsfreude mithilfe der zuvor beschriebenen Freudepfeiler untersucht. Diese wurden in etwa 60 Fragen untergliedert.[1] Anhand einer Regressionsanalyse wurde festgestellt, wie wichtig die jeweiligen Freudepfeiler in Deutschland empfunden werden. Dazu zählen Balance, Freiheiten, Offenheit, Chancen und Herausforderungen (siehe dazu Abbildung 5). In Abbildung 6 wird die durchschnittliche Zufriedenheit je Freudepfeiler auf einer Skala von 1 bis 10 wiedergegeben. Im Folgenden betrachten wir einige wichtige Pfeiler.

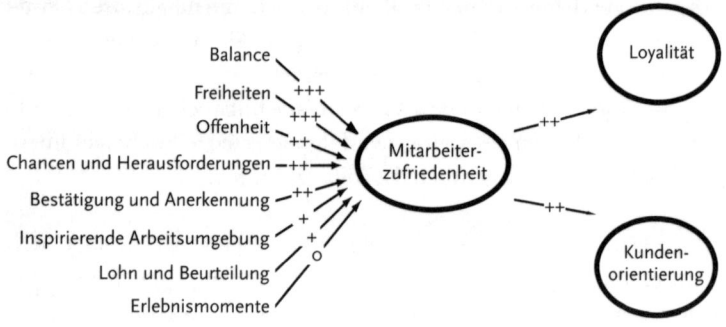

Abbildung 5: Die Rolle der unterschiedlichen Freudepfeiler. Bewertung: o|+|++|+++

Zunächst gehen wir auf den Pfeiler »Freiheiten« ein. Dieser steht auf dem zweiten Platz, und die Zufriedenheit damit ist, verglichen mit anderen Pfeilern, hoch. Deutsche Arbeitnehmer sind vor allem zufrieden mit ihrem selbstständigen Handlungsspielraum (Note 6,7), mit der Verantwortung, die sie tragen dürfen (6,4), und dem Maß, in dem sie ihre ei-

1) Das Modell hat einen r² von 0,53.

gene Zeit einteilen können (6,7). Der einzige Freiheitsaspekt, der relativ schlecht beurteilt wurde, ist die Möglichkeit von Arbeitnehmern, Verbesserungen einzuführen (5,4). Dies wird in anderen Studien bestätigt, die zeigen, dass es ungern gesehen wird, wenn Mitarbeiter etwas ändern oder verbessern wollen (Dabringhausen, 2003). »Dann stoßen sie schnell auf Widerstände und werden zurechtgewiesen (zumindest befürchten sie dies).«

Ein zweiter wichtiger Freudepfeiler ist Offenheit, der auf unserer Rangliste als drittwichtigster Aspekt beurteilt wurde. Gleichzeitig ist allerdings die durchschnittliche Zufriedenheit der Befragten bei diesem Pfeiler sehr klein. Woran liegt das? Einige Hauptgründe sind, dass Mitarbeiter bei Entscheidungen, die sie direkt betreffen, selten einbezogen werden (4,9), die mangelnde Transparenz innerhalb der Organisation (4,9), die geringen Informationen über die Resultate der Organisation (5,6) und dass Vorgesetzte ungern Kritik akzeptieren (5,6). Es lohnt sich, diese Aspekte zu verbessern. Denn wenn wir uns die fünf beliebtesten Arbeitgeber Deutschlands ansehen (Göggelmann, 2004), zeigt sich, dass sich diese vor allem durch ihre Offenheit von den anderen Unternehmen unterscheiden. Bei Microsoft gibt es zum Beispiel zweitägige Veranstaltungen, auf denen alle Mitarbeiter aufgefordert werden, über die Unternehmensstrategie nachzudenken. Mitglieder des Managementteams von Diageo sind in verschiedenen Projektteams involviert und gewährleisten somit Informationsaustausch. Bei Hexal finden einmal im Quartal »Rede-und-Antwort-Sitzungen« zwischen Leitung und Mitarbeitern statt. Und bei Skytec werden Entscheidungen durch demokratische Abstimmung im Team durch- und umgesetzt.

Der dritte Pfeiler, mit dem wir uns hier befassen wollen, ist »Bestätigung und Anerkennung«. Dieser landet zwar nur auf dem fünften Platz. Wenn wir aber die zu Grunde liegenden Aspekte analysieren, entdecken wir etwas Überraschendes: Auf Fragen, die mit Bestätigung und Anerkennung seitens Kollegen zusammenhängen, fällt die Bewertung relativ gut aus. Deutsche Mitarbeiter sind mit dem Feedback von Kollegen (6,4) und dem gegenseitigen Respekt zwischen Kollegen (6,7) zufrieden. Aber bei den Vorgesetzten und dem Management entsteht ein ganz anderes Bild: Beim Coaching durch den Vorgesetzten (5,5), dem Engagement des Managements den Mitarbeitern gegenüber (5,7) und der Anerkennung, die die Arbeitnehmer für ihre Leistungen erhalten, ist die Zufriedenheit viel geringer. Der Chef von Gallup Deutschland, Gerald Wood, drückt es so aus: »Deutsche Führungskräfte sind zu autoritär, hören nicht auf die Mitarbeiter und sparen zu sehr mit Lob und Anerkennung«. (Gerbert, 2004)

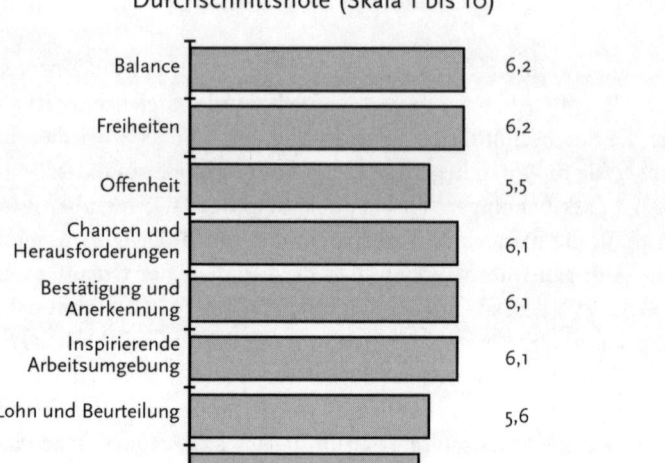

Abbildung 6: Zufriedenheit mit den Freudepfeilern

Kets de Vries (2003) sagt zu diesem Thema: »Ich glaube an Anerkennung. Und ich meine damit nicht nur Geld. Wenn ein Team ein Resultat erzielt, bedanke dich bei ihm!«

Zusätzlich zum Pfeiler »Bestätigung und Anerkennung« spielen noch andere Faktoren eine wichtige Rolle. Abbildung 6 zeigt den Wert der unterschiedlichen Pfeiler. Dabei fällt auf, dass »Belohnung und Beurteilung« als unwichtigste Elemente eingeschätzt werden. Studien von &Samhoud (2003) und auch Towers Perrin (2004) haben gezeigt, dass Gehalt und Sonderzulagen wie Dienstwagen und Betriebsrente so genannte Hygienefaktoren oder Rahmenbedingungen sind. In unserer Studie stehen »Belohnung und Beurteilung« auf dem vorletzten Platz. Das bedeutet, dass mehr Lohn nicht wirklich zu mehr Arbeitsfreude führt. Wenn Mitarbeiter allerdings herausfinden, dass sie viel weniger als ein Kollege mit vergleichbaren Aufgaben oder sogar als jemand, der viel weniger leistet, bekommen, ist das natürlich anders. Sie fühlen sich dann nicht mehr ernst genommen oder finden es ungerecht.

Gleichzeitig zeigt eine andere Studie, dass »das Geld, das ich verdiene«, für 44 Prozent der Deutschen das Wichtigste an ihrer Arbeit ist. Warum kommen die beiden Studien zu solch unterschiedlichen Ergebnissen? Wir denken, dass dies mit der Fragestellung und der Untersuchungsmethode zu tun hat. In unserer Studie wurde die Wichtigkeit von »Belohnung und Beurteilung« mithilfe einer Regressionsanalyse festgestellt. So wird aufgezeigt, inwieweit der Pfeiler, verglichen mit anderen Pfeilern, tatsächlich etwas zur Zufriedenheit der Mitarbeiter beiträgt. Die Studie, die in dem Artikel von Gerbert zitiert wird, basiert auf einer direkten Frage mit diesen drei möglichen Antworten: Das Wichtigste an meiner Arbeit ist für mich 1.) das Geld, das ich damit verdiene, 2.) die Freude an der Arbeit als solcher oder 3.) der Kontakt mit Kollegen. Hierdurch bekommt die Frage eher die Bedeutung »Was ist der wichtigste Grund, warum ich arbeite?« Und das ist für die meisten Menschen in der Tat das Geld, das man zum Leben benötigt. Das heißt allerdings nicht, dass das Gehalt für den arbeitenden Menschen den wichtigsten Faktor hinsichtlich der allgemeinen Mitarbeiterzufriedenheit darstellt. Tatsache ist, dass Themen, die »Belohnung und Beurteilung« betreffen, weniger gut abschneiden. Die Zufriedenheit mit dem Gehalt (5,5), die Häufigkeit der Mitarbeitergespräche (5,5), und die Anzahl der Kriterien, nach denen man beurteilt wird, sind relativ niedrig.

Die hier gezeigten Ergebnisse geben einen Durchschnitt der Mitarbeiterzufriedenheit im Dienstleistungsbereich in Deutschland an. Selbstverständlich gibt es sowohl hinsichtlich der Mitarbeiterzufriedenheit als auch hinsichtlich der Wichtigkeit der einzelnen Freudepfeiler nennenswerte Unterschiede zwischen verschiedenen Organisationen. Für Manager ist es darum wichtig zu erfahren, wie die *eigene* Organisation hinsichtlich der unterschiedlichen Pfeiler abschneidet, und was die eigenen Mitarbeiter als wichtig empfinden. Wenn man das einmal weiß, ist man schon einen großen Schritt weiter und kann mit Lustmanagement beginnen.

Die Studie unter deutschen Mitarbeitern im Dienstleistungsbereich zeigt übrigens auch, dass kundenorientiertes Arbeiten, Loyalität und Zufriedenheit zusammenhängen. Mitarbeiter, die loyal sind und die ihre eigene Organisation als kundenorientiert einschätzen, sind viel zufriedener (durchschnittlich 6,9) als Mitarbeiter, die nicht loyal sind und ihre Organisation nicht so kundenorientiert finden (durchschnittlich 4,3). Abbildung 7 zeigt diese Beobachtung.

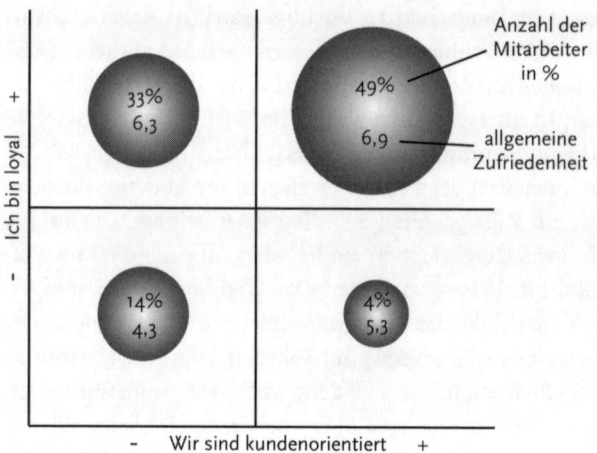

Abbildung 7: Kundenorientierung, Loyalität und Zufriedenheit der Mitarbeiter

Die Größe der Kreise mit den zugehörigen Prozentsätzen gibt die Größe der Mitarbeitergruppe an. In jedem Kreis steht außerdem die durchschnittliche Zufriedenheitsnote der jeweiligen Gruppe, bewertet auf einer Skala von 1 bis 10. Hierbei fällt auf, dass etwa 47 Prozent der Mitarbeiter die eigene Organisation nicht kundenorientiert finden. Hier gibt es also viel zu tun. Aber es gibt auch Hoffnung, denn ein Großteil dieser 47 Prozent ist der Organisation gegenüber relativ loyal. Ab dem vierten Kapitel zeigen wir auf, wie dies unserer Meinung nach angepackt werden sollte. Aber bevor wir zum Aufbau einer Lust- und Leistungskultur kommen, müssen wir zunächst noch die Parteien des Lustmanagements kennen lernen.

Lustmanagement: die Parteien

Wir haben inzwischen gesehen, welche Pfeiler wichtig sind, um die Arbeitsfreude zu erhöhen. Allerdings wurde noch nicht erwähnt, dass Freude von mehreren Seiten beeinflusst wird. Es gibt mit anderen Worten verschiedene Parteien, die den Freudepfeilern Inhalt und Form geben können. Diese sind die Stakeholders einer Organisation. Wir unterscheiden dabei zwischen den unmittelbar Vorgesetzten, dem höheren Management, Kunden, Kollegen, Angestellten, Personalabteilungen und Geschäftsführern, Aktionären, der Öffentlichkeit und natürlich der Person selber. Es gibt wenig quantitative Ergebnisse über den Einfluss, den jede einzelne Partei auf die Arbeitsfreude des Einzelnen ausübt. Qualitative Informationen konnten wir allerdings mithilfe von Interviews sammeln, wobei die Namen geändert wurden. Wir haben mit unterschiedlichen Mitarbeitern gesprochen und gefragt, inwieweit die einzelnen Parteien, vom Topmanagement bis zu den Angestellten, die Arbeitsfreude beeinflussen. Wir haben dies die unterschiedlichen »Parteien von Arbeitsfreude« genannt. Im Folgenden sind einige Bemerkungen von Interviewteilnehmern zu lesen. Sie sind hinsichtlich der einzelnen Parteien geordnet. Namen und Funktionen wurden geändert.

Vorgesetzte

»Meine Vorgesetzte hat viel Einfluss auf meine Arbeitsfreude. Dabei finde ich es am wichtigsten, dass sie konsequent ist. Es ist wirklich frustrierend, wenn wir heute in die eine Richtung müssen und morgen in die entgegengesetzte. Das verunsichert mich enorm. Man wird dadurch nie mit irgendetwas fertig. Außerdem habe ich dann ständig das Gefühl, dass ich etwas nicht richtig mache.«

Christian, Projektleiter bei einem Kommunikationsbüro

»Was bei mir ebenfalls zu Arbeitsfreude führt, ist die Tatsache, dass meine Vorgesetzte Anerkennung und Respekt für unterschiedliche Arbeitsstile zeigt. Nicht alle Menschen sind gleich, und nicht alle arbeiten auf dieselbe Art und Weise. Ein Vorgesetzter muss dafür Möglichkeiten finden und seinen Mitarbeitern Vertrauen entgegenbringen. Mir ist lieber, dass man mir sagt, welches Problem gelöst werden muss, als dass ich genau vorgeschrieben bekomme, wie ich es angehen soll. Wenn man die Verantwortung für etwas trägt, muss man auch die entsprechenden Freiheiten von seinem Manager bekommen. Dass ich Vertrauen genieße, ja, das ist mir wichtig. Dass ich nicht ständig kontrolliert werde, sondern dass man sich das Ergebnis meines Einsatzes ansieht. So lernt man selbst übrigens auch am meisten. Meine Vorgesetzte hat auch viel Einfluss auf meine persönliche Entwicklung.«

Katharina, Mitglied des Managementteams eines großen Maklerbüros

Die Konkretisierung des Pfeilers »Chancen und Herausforderungen« in Verbindung mit »Freiheiten« ist also ein wichtiger Punkt für leitende Angestellte.

>»Ich finde es wichtig, dass mein Chef den Inhalt meiner Arbeit kennt. Früher hatte ich einen Manager, der kaum begriff, was ich als Mitarbeiter eigentlich für die Kunden tue. Das fand ich damals wirklich schlecht. Ein guter Chef hilft mit, wenn es viel zu tun gibt oder wenn man selbst nicht mehr weiterweiß.«
>
> *Kurt, Beamter in einem Ministerium*

>»Mein Vorgesetzter sagt deutlich, was er will und was er von mir erwartet. Gleichzeitig sieht er mich auch als eigenständige Person. Das finde ich sehr angenehm. Wenn man jemanden zum Chef hat, der vage bleibt und nie Klartext spricht, ist das sehr frustrierend.«
>
> *Ingrid, Niederlassungsleiterin eines Telekommunikationsbetriebs*

Diese letzte Bemerkung zeigt, wie wichtig der Pfeiler »Offenheit« ist.

Studien zum Thema Mitarbeiterzufriedenheit von BetterBeYourself (2003) zeigen auch, dass direkte Vorgesetzte viel Einfluss auf die Mitarbeiter haben. Die Zufriedenheit mit »Coaching durch den Vorgesetzten« und »Anerkennung für geleistete Arbeit« ist ausschlaggebend für die Arbeitsfreude und auch die Leistungen der Mitarbeiter.

Diese Bemerkungen beziehen sich hauptsächlich auf direkte Vorgesetzte. Genau hier liegt der Schwachpunkt bei vielen deutschen Managern. »Sie sind gut im Organisieren, aber schlecht im Führen.« Und dabei geht es vor allem darum, effizient zu kommunizieren, Teamarbeit zu stimulieren und die Mitarbeiter gut zu führen. Überspitzt heißt dies: »Die deutschen Mitarbeiter wissen zwar meist, was sie zu tun haben, aber oft nicht, warum sie etwas tun sollen«. (Dabringhausen, 2003) Da der Führungsstil der Vorgesetzten für das Entstehen von Lust und Leistung wichtig ist, ist das sechste Kapitel insbesondere den Merkmalen eines Lustmanagers gewidmet. Die Mitarbeiter von größeren Organisationen geben an, dass auch das höhere und das Topmanagement einen großen Einfluss auf ihre Arbeitsfreude haben.

Topmanagement

»Das höhere Management beeinflusst die Arbeitsfreude der Mitarbeiter, wenn auch auf einer indirekten und abstrakteren Ebene. Die Rolle der Topmanager bezüglich meiner Arbeitsfreude ist, dass sie die Unternehmenspolitik bestimmen. Das heißt, sie passen Entscheidungen, Werkzeuge, Strategien und Schulungsregeln einander an, so dass sie sich ergänzen. Außerdem hält das Topmanagement, was es verspricht. Das Personalmanagement kann verschiedenste Beurteilungssysteme, Schulungspläne und Entwicklungspfade entwickeln, aber das höhere Management beschließt, was wichtig ist. Ich erinnere mich noch an eine Geschichte von Jack Welch, dem Vorstandsvorsitzenden von General Electric. Er nahm jede Woche an Veranstaltungen im Schulungszentrum teil und gab den Mitarbeitern auch selbst Unterricht. Dadurch zeigte er, dass er hält, was er verspricht.«

René, interner Berater bei einer Versicherungsgesellschaft

Eine ähnliche Aussage finden wir in der nächsten Bemerkung:

»Das Topmanagement muss die Mitarbeiter inspirieren und ihnen zeigen, wofür sie sich eigentlich einsetzen. Es muss auf den Betrieb und die Mitarbeiter Vertrauen ausstrahlen. Vorbildliches Verhalten ist dabei ausschlaggebend. Wenn ein Vorhaben vorgestellt wird, an das das Topmanagement selbst nicht glaubt und das es auch selbst nicht vertritt und nachlebt, entsteht ein großes Problem. Wenn ein Vorstandsvorsitzender sagt: ›Das Vorhaben ist zwar wichtig, aber es passt mir jetzt nicht so gut in den Kram‹, dann fühle ich mich als Mitarbeiter betrogen. Ein weiterer Punkt ist Offenheit. Ein Topmanagement, das Einsicht in die Entscheidungen, die getroffen, und die Ergebnisse, die erzielt worden sind, gibt, verhilft mir zu mehr Arbeitsfreude.«

Ingrid, Niederlassungsmanagerin
eines Telekommunikationsunternehmens

Kunden

»Ich denke, dass der Einfluss, den Kunden auf die Arbeitsfreude haben, je nach Funktion und Organisation sehr unterschiedlich sein kann. Wenn man häufigen und intensiven Kundenkontakt hat, spielt der Kunde eine wichtige Rolle für die Arbeitsfreude. Und eigentlich geht es dann um dieselben Einflussfaktoren wie bei den Vorgesetzten, nämlich um

Vertrauen. Leider missbrauchen manche Kunden dieses Vertrauen.«

Anna, Eventmanagerin

Es geht aber auch anders:

»Ich habe kürzlich an einem Projekt mitgearbeitet, bei dem Arbeitsfreude und Leistung sehr gut einhergingen. Wir hatten mit dem Kunden ein gemeinsames Ziel, von dem wir sehr begeistert waren. Unsere Zusammenarbeit wurde von Vertrauen und Offenheit geprägt. Dieses Vertrauen hat der Kunde uns gegenüber auch ausgesprochen. Außerdem bekamen wir viele Freiheiten, um auf unsere eigene Art und Weise zu Lösungen zu kommen.«

Riccardo, Managementberater

Dies klingt logisch: Je häufiger und je intensiver Kontakte zwischen Kunden und Mitarbeitern stattfinden, desto mehr Einfluss hat der Kunde auf die Arbeitsfreude des einzelnen Mitarbeiters. Wer seine Kunden zufrieden stellt, erfährt Erfüllung. Mitarbeitern, die keinen oder wenig Kundenkontakt haben, fehlt dieses Gefühl. Ein deutliches Bild davon, wer der Kunde eigentlich ist, auch, wenn es ausschließlich um »Kunden« innerhalb des eigenen Betriebs geht, fördert Arbeitsfreude und Leistung.

Kollegen

»Ich habe bei einer Organisation gearbeitet, wo den ganzen Tag nur Kaffee getrunken wurde. Nicht sehr motivierend, das ist klar. Damals habe ich gemerkt, dass motivierte Arbeitskollegen einem viel Arbeitsfreude geben können. So kann man auch von Kollegen lernen und sich gegenseitig helfen. Für mich ist gegenseitiges Interesse sehr wichtig. Ich bin sicher nicht jemand, der von einer Party zur anderen rennt, aber nette Kollegen spielen für mich doch eine zentrale Rolle. Dies sind keine machtsüchtigen Menschen, sondern Menschen, die Leidenschaft für ihre Arbeit empfinden. Das nenne ich eine inspirierende Arbeitsumgebung. Trotzdem haben Kollegen auf meine Arbeitsfreude weniger Einfluss als mein Vorgesetzter oder meine Kunden.«

Katharina, Mitglied des Managementteams eines großen Maklerbüros

Die Zusammenarbeit und der Kontakt mit Kollegen sind für viele Mitarbeiter in deutschen Unternehmen weniger wichtig. Eine Studie von Towers Perrin (2004) zeigt, dass Mitarbeiter ihrem Team oder ihren Kollegen nicht einmal einen Platz in den Top 10 der Einflüsse auf die Mitarbeiterbindung geben.

Mitarbeiter

»Bei Angestellten gilt für mich eigentlich dasselbe wie bei Kollegen. Motivation ist mir wichtig. Mitarbeiter haben den allergrößten Einfluss auf das Ziel, das wir miteinander erreichen müssen. Motivation, Eigeninitiative und Leidenschaft für die Arbeit sind darum notwendig, wenn man zu einem Ergebnis kommen möchte.«

Helen, Managerin eines Kundenkontaktzentrums

Außer motivierten Mitarbeitern wird auch Offenheit als wichtig empfunden:

»Manchmal erlebe ich, dass Mitarbeiter ›ja‹ sagen und ›nein‹ tun. Oder sie behaupten, sie hätten alles unter Kontrolle, und am Tag vor der Deadline zeigt sich dann, dass sie die Aufgabe nicht beenden können, obwohl sie das selber natürlich schon länger wissen.«

Christian, Projektleiter bei einem Kommunikationsbüro

Wie wir sehen, werden Arbeitsfreude und Leistung in den Augen der befragten Vorgesetzten zu einem Großteil von den Untergebenen bestimmt. Hierbei ist es die Kunst, als Vorgesetzter eine Kultur oder ein Klima zu schaffen, bei dem man sich eingeladen fühlt, offen miteinander umzugehen. Im sechsten Kapitel wenden wir uns dieser Problematik zu. Helen, die wir hier zitiert haben, treffen wir dann in einem Praxisbeispiel wieder.

Personal- und Unternehmensführung

»Die Personalabteilung hat weniger Einfluss auf meine Arbeitsfreude. Zumindest merke ich davon nicht viel. Wenn es um Arbeitsbedingungen und Fragen zu Krankheit oder Arbeitsunfähigkeit geht, kann ich mir das schon eher vorstellen. Es betrifft also eher konkrete Probleme.«

Anna, Eventmanagerin

»Eine Personalabteilung macht natürlich Pläne für die Unternehmensführung und individuelle Laufbahnen. Außerdem bietet sie einen Rahmen oder eine Struktur für zum Beispiel Beurteilungssysteme, persönliche Entwicklungspläne und Mitarbeiteruntersuchungen. Aber mir geht es darum, dass ich das als Mitarbeiter bei meiner eigenen Arbeit auch merke. Und diese Aufgabe liegt beim Vorgesetzten.«

Kurt, Mitarbeiter in einem Ministerium

Arbeitsfreude und Mitarbeiterzufriedenheit sind Themen, die vor allem mit dem Personalmanagement zu tun haben. Es ist auffallend, dass in den obigen Zitaten gesagt wird, dass die Personalabteilung eigentlich wenig Einfluss auf die Arbeitsfreude ausübt. Wir müssen uns die Frage stellen, welche Rolle das Personalmanagement als Abteilung spielen muss, wenn es um Lustmanagement geht. Wir kommen auf dieses Thema an anderer Stelle in diesem Kapitel zurück.

Die Öffentlichkeit

»Wenn ich auf einer Geburtstagsfeier erzähle, wo ich arbeite, werde ich immer fertig gemacht. Und das, weil meine Freunde bei einer ›hippen‹ Firma arbeiten. Das ist frustrierend, denn sie geben bei Partys den Ton an, sie gehören zu den Siegern. Aber ›Öffentlichkeit‹ ist für mich nicht unbedingt, was die Zeitungen schreiben, es geht auch um ehemalige Kunden, ehemalige Arbeitnehmer und Menschen, die um mich herum stehen und die meinen Arbeitgeber kennen. Es gibt mir ein Gefühl von Stolz und Selbstbewusstsein, wenn Menschen, die ich kenne, der Organisation, bei der ich arbeite, und meiner Arbeit selbst positiv gegenüberstehen. Ich finde, dass die Öffentlichkeit eigentlich der entscheidende Beweis dafür ist, ob man als Organisation seine Versprechen hält. Wenn man sich besser präsentiert, als man eigentlich ist, durchschaut die Öffentlichkeit das früher oder später doch.«

Ulrich, Mitarbeiter bei einem Transportunternehmen

Es kann allerdings auch umgekehrt sein, wie wir bei einem Abteilungsleiter gesehen haben: »Gerade wenn jemand über mein Unternehmen herablassend redet, regt mich das enorm auf. ›Denen werde ich es zeigen‹, denke ich dann. Es gibt mir oft den Ehrgeiz, der für einen wirklich kundenorientierten Betrieb notwendig ist.«

Aktionäre

»Meiner Meinung nach haben Aktionäre großen Einfluss auf die Arbeitsfreude. Der Aktienhandel ist zu einem Lotteriespiel geworden. Hat jemand Aktien eines bestimmten Betriebs, hat er dort Mitspracherecht. Aber heute ist die Beziehung zwischen Aktionären und Betrieb lockerer geworden, da die Aktionäre mehr auf schnellen Gewinn ausgerichtet sind. Als Aktionär von Click-Fonds habe ich keinen Überblick mehr, was in ›meinen‹ Betrieben vor sich geht und was für die Mitarbeiter Arbeitsfreude bedeutet. Dies gilt aber hauptsächlich für AGs. Bei einer GmbH sieht es etwas anders aus, weil die Gesellschafter in einer geschlossenen Handelsgesellschaft engagierter sein müssen. Meiner Meinung nach ist es wichtig, dass Inhaber sich mit einem Betrieb verbunden fühlen und sich mit dem Wesen einer Firma identifizieren können.«

Heinz-Günther, Pensionär und engagierter Bürger

Der wichtigste Kunde von Vorstandsvorsitzenden einer Organisation wird langsam aber sicher der Aktienanalyst. Dieser will alle drei Monate eine Kurssteigerung sehen. Die einseitige Konzentration auf kurzlebige Resultate beeinflusst das Wohlbefinden der Menschen. Eine sichtbare Nebenwirkung sind zum Beispiel die Proteste der Globalisierungsgegner. Wie unser Gespräch mit einem Mitarbeiter einer Genossenschaft zeigt, ist dieser Kapitalismus im Einzelfall sogar ein Grund, nicht bei einer AG zu arbeiten. »Ich arbeite ganz bewusst nicht bei einer AG, weil ich nicht für unbekannte Eigentümer arbeiten möchte, deren einziges Bindeglied zum Unternehmen der kurzfristige Gewinn ist. Darum arbeite ich bei einer Genossenschaft. Unser Gewinn kommt unmittelbar der Organisation selbst und der Gemeinschaft vor Ort zugute.«

Der Arbeitnehmer selbst

Wie viel Einfluss hat man auf seine persönliche Arbeitsfreude? Dieser Einfluss ist enorm, wie verschiedene Gespräche zeigen.

»Wenn ich laut ausspreche, was ich will und was mir Kraft gibt, dann begegne ich wie von selbst Dingen, die zu mir passen. Als mir noch nicht klar war, was ich gut kann und was ich wollte, ließ ich alles einfach auf mich zukommen. Meine Identität hing von der Organisation ab, bei der ich arbeitete. Das ist natürlich nicht gut. Wenn man seine eigenen Talente und seine Berufung entdeckt, kann man ein Unternehmen auswählen, dessen Voraussetzungen oder Arbeitsweise den persönlichen Anforderungen entsprechen. Das macht mich übrigens auch für den Betrieb wertvoller.«

Katharina, Mitglied des Managementteams eines großen Maklerbüros

Der größte Einfluss, den ein Mitarbeiter auf seine eigene Arbeitsfreude haben kann, liegt natürlich in der Wahl seines Berufs und der Organisation, bei der er arbeiten möchte. Aber auch ein psychologischer Faktor spielt eine Rolle: Wer nicht schnell zufrieden ist und sich ständig mit der Zukunft beschäftigt, ohne der Gegenwart Beachtung zu schenken und die eigenen Ergebnisse anzuerkennen, bringt sich in eine schlechte Lage. Vielleicht ist es keine schlechte Idee, sich das Schaubild der Freudepfeiler noch einmal anzusehen und darüber nachzudenken, wie Sie Ihre eigenen Freudepfeiler managen.

»Ich merke, dass es sehr wichtig ist, ob ich mit mir selbst zufrieden bin. Wenn ich neidisch auf Kollegen bin, weil ich zu ihnen aufsehe oder ihre Situation idealisiere, hat das Konsequenzen für meine Arbeitsfreude. Ich will einfach der sein, der ich bin, und das tun, was mir passt. Man hat selber enorm viel Einfluss auf die eigene Arbeitsfreude. Wer Kollegen oder Kunden zufrieden stellt, bekommt dies auch zurück. Das ist zumindest die Erfahrung, die ich gemacht habe.«

Kurt, Beamter in einem Ministerium

Diese Bemerkungen zeigen, dass nicht jede Partei den gleichen Einfluss auf die Arbeitsfreude hat. Außerdem übt jede Partei auf ihre eigene Art und Weise Einfluss aus. Mit Hilfe dieser Interviews haben wir eine Übersicht entwickelt, welche Parteien welche Pfeiler jeweils beeinflussen.

Freudepfeiler / Parteien	Balance	Freiheiten	Offenheit	Chancen und Herausforderungen	Bestätigung und Anerkennung	Inspirierende Arbeitsumgebung	Lohn und Beurteilung	Erlebnismomente
Intern								
Mitarbeiter selbst	✓	✓	✓	✓	✓	✓	✓	✓
Vorgesetzter	✓	✓	✓	✓	✓	✓	✓	✓
Topmanagement				✓	✓	✓	✓	✓
Kollegen	✓	✓	✓		✓	✓		✓
Mitarbeiter	✓		✓		✓	✓		✓
Personal- u. Unternehmensführung					✓		✓	✓
Extern								
Kunden	✓	✓	✓	✓	✓	✓		✓
Aktionäre				✓		✓	✓	
Öffentlichkeit						✓	✓	

Abbildung 8: Der Einfluss der einzelnen Parteien auf die Freudepfeiler

Abbildung 8 zeigt, dass Lustmanagement für alle Parteien innerhalb und außerhalb einer Organisation eine Rolle spielt. Außerdem können wir aus dem Schema schließen, dass der größte Einfluss vom Mitarbeiter selbst und seinem unmittelbaren Vorgesetzten ausgeht. Mit anderen Worten: Die Abteilungsleiter sind für die Verwirklichung der richtigen Mischung von Arbeitsfreude und Leistung entscheidend. Manfred Kets de Vries (2003) zieht ähnliche Schlüsse. »Die Aufgabe des Personalmanagements liegt für mich beim Abteilungsleiter. Dieser kann den Personalmanager um Rat fragen. Die Aufgabe des Personalmanagers besteht darin, den Abteilungsleiter daraufhin anzuleiten. Darum muss er nicht nur Personalmanager sein, sondern auch strategisch denken. Viel zu viele Personalmanager interessieren sich ausschließlich für Systeme.«Vergiss es« darum geht es nicht! Wir müssen die Sprache des Führens sprechen.«

Der Sieger der Human Talent Trophy 2002, Peter Uytdehage, Direktor des Personalmanagements von Center Parcs, hat diesen Gedankengang auf seinen Betrieb übertragen. Er hat das Personalmanagement von Center Parcs von einer Kostenstelle zu einem gewinngebenden Teil des

Unternehmens gemacht und die Fluktuation von 100 Prozent auf 5 Prozent gesenkt. »Streng genommen ist das Personalmanagement nicht für Personalmanagement verantwortlich. Ein Manager muss seine eigenen Probleme lösen und uns wissen lassen, was er dafür von uns braucht. Wir unterstützen ihn dabei natürlich ganz gezielt. Diese Aufgabenteilung ist nicht nur viel effizienter, sondern geht auch besser darauf ein, was eine Organisation braucht. Dabei sind die Ziele des Personalmanagements uninteressant: Es geht darum, was das Management braucht, um seine Strategie zu verwirklichen.« (Visser, 2003)

Es stellt sich die Frage, ob Abteilungsleiter eigentlich Personalmanagementaufgaben erfüllen wollen. Ist jeder Manager geeignet, Arbeitsfreude zu managen? Und welche Eigenschaften besitzt der ideale Manager?

Rückschau und Vorausblick

In diesem Kapitel haben wir gesehen, welche Pfeiler und Parteien Arbeitsfreude beeinflussen. Verschiedene Studien haben gezeigt, welche Rolle die einzelnen Pfeiler spielen. Aus den Stellungnahmen von Mitarbeitern aus unterschiedlichen Berufen konnten wir ablesen, welche Parteien ihre Arbeitszufriedenheit beeinflussen. Wir haben jetzt ein genaues Bild von den einzelnen Pfeilern und den Parteien, die diese am nachhaltigsten bestimmen. Doch wie managt man die Arbeitsfreude seiner eigenen Mitarbeiter? Mit diesem Thema werden wir uns im nächsten Kapitel beschäftigen.

Stellen Sie sich die folgenden Fragen

1) Mit welchen Freudepfeilern sind meine Mitarbeiter wohl am zufriedensten? Und mit welchen am wenigsten zufrieden?
2) Weiß ich, welche Pfeiler meine Mitarbeiter am wichtigsten finden? Wie können diese Pfeiler zu mehr Mitarbeiter- und Kundenzufriedenheit beitragen? Welchen Pfeilern muss ich die meiste Aufmerksamkeit widmen?
3) Finden alle Mitarbeiter dieselben Pfeiler am wichtigsten? Oder kann man hierbei Bereiche unterscheiden? Biete ich den unterschiedlichen Gruppen ihre eigene Mischung aus den Freudepfeilern?
4) Habe ich jetzt, wo mir klar geworden ist, dass Anerkennung im Allgemeinen der wichtigste Pfeiler ist, den Eindruck, dass ich meinen Mitarbeitern gegenüber genug Anerkennung zeige?
5) Welche Rolle sollten meiner Ansicht nach Abteilungsleiter spielen, wenn es darum geht, eine Kultur zu verwirklichen, in der Arbeitsfreude und Leistung einander verstärken? Wie sehen die Abteilungsleiter selber diese Rolle? Werden sie darin ausreichend unterstützt?
6) Ist es möglich, dass auch Kunden und Aktionäre einen Beitrag zur Arbeitsfreude und damit zu besseren Resultaten leisten? Wie könnte das funktionieren? Wie würde es mir gefallen, ganz klar bestimmte Kunden und Aktionäre auszuwählen und damit bestimmte andere Kunden und Aktionäre eben nicht auszuwählen? Habe ich Einfluss auf diese Entscheidungen?

4
Arbeitsfreude managen

»Nehmen Sie uns unsere zwanzig
besten Mitarbeiter weg und ich
garantiere Ihnen, Microsoft wird
unwichtig werden.«

Bill Gates, Microsoft (Deutschlands
bester Arbeitgeber 2004)

»Die Tatsache, dass es die
Mitarbeiter sind, die eine Firma
prägen, ist nichts Neues. Neu ist,
dass wir die Zufriedenheit unserer
Mitarbeiter ausdrücklich zum Teil
unserer Strategie gemacht haben.«

Evert Schaftenaar, Fortis ASR

»Uns ist nicht egal, wie Führungskräfte
ihre Ergebnisse erzielen.«

Peter Erdmann, Pfizer GmbH

Arbeitsfreude führt nicht automatisch zu besseren Ergebnissen. Deshalb
gehen wir in diesem Kapitel zuerst auf die Bedingungen für eine frucht-
bare Beziehung zwischen Arbeitsfreude und Leistung ein. Anschließend
erörtern wir, was Lustmanagement eigentlich ist. Die Antwort auf diese
Frage ist relativ einfach: das Managen der Freudepfeiler. Aber die Umsetzung von Lustmanagement im Betrieb ist nicht leicht. Deshalb konzentrieren wir uns in diesem Kapitel vor allem auf die Integration von
Lustmanagement in den alltäglichen Betriebsablauf. Abschließend gehen
wir dann auf die Frage ein, welche Rolle Lustmanagement in wirtschaftlich schlechteren Zeiten spielt.

Lust & Leistung, Salem Samhoud, Hans van der Loo, Jeroen Geelhoed
Copyright © 2005 WILEY-VCH Verlag GmbH & Co. KGaA, Weinheim
ISBN: 3-527-50138-X

Werte für alle!

In den letzten Jahren haben wir mehrere Workshops über Lustmanagement organisiert. Während dieser Workshops bekamen wir ab und zu eine Reaktion wie: »Lustmanagement, das ist nichts für uns. Warum nicht? Ganz einfach: Wenn wir eine Umfrage über die Mitarbeiterzufriedenheit durchführen, kommt dabei jedes Mal heraus, dass alle rundum zufrieden sind. Die Arbeitsbedingungen der Mitarbeiter sind ausgezeichnet und sie amüsieren sich prächtig. Trotzdem leisten sie nichts und sind nicht kundenorientiert. Die Mitarbeiter an der Kasse tratschen fröhlich miteinander, während der Kunde warten muss, bis sie mit ihrem Kaffeekränzchen fertig sind. Darüber beschweren sich die Kunden auch bei uns. Mit anderen Worten: Unsere Mitarbeiter sind zwar mit dem Betrieb zufrieden, aber der Betrieb ist mit seinen Mitarbeitern nicht zufrieden. Darum glaube ich nicht daran, dass Arbeitsfreude zu höheren Umsätzen führt.«

Dieses Beispiel ist das genaue Gegenteil eines erfolgreichen brasilianischen Betriebs: Semco. Der Vorstandsvorsitzende von Semco, Ricardo Semler, hat eine Aufsehen erregende Publikation mit dem Titel *Semco-Stil* herausgebracht. Semco ist ein Betrieb, der verschiedenste Produkte anbietet, von Waschmaschinen über Pumpen bis hin zu Digitalscannern und Finanzdienstleistungen. Semler beschreibt den Semco-Stil als eine neue, menschliche, produktive, anregende Arbeitsweise, die sich in jeder Beziehung lohnt. Die Schlüsselbegriffe des Semco-Stils sind Menschlichkeit, Vertrauen, Produktivität, Anregung und Bereicherung. Arbeiten bei Semco assoziiert man mit Freiheit, die darauf ausgerichtet ist, dass die Fähigkeiten der Mitarbeiter ausgenutzt werden. Bei Semco gibt es keine festgelegten Arbeitszeiten. Es gibt keine Untergeordneten, und die Mitarbeiter bestimmen gemeinsam, wie viel sie verdienen. Auch über den Inhalt der Sonderzulagen, wie zum Beispiel Firmenwagen, beschließen die Mitarbeiter selbst. In der Terminologie der Freudepfeiler ausgedrückt: Freiheit spielt bei Semco eine ganz besondere Rolle. Wer denkt, dass ein solcher Betrieb innerhalb kürzester Zeit Pleite geht, irrt sich. Semco erzielt derzeit hohe Gewinne, während das früher, unter einem traditionellen Management, ganz anders war. Bei Semco hat jeder Mitarbeiter Zugang zu allen Informationen innerhalb des Betriebs. So erhält jeder die Informationen, die er für die Erledigung seiner Aufgaben benötigt. Semlers Veröffentlichung wurde stark kritisiert. Seine Antwort darauf lautet (1993): »It is not a socialist way of running business, as some of our critics contend. It isn't purely capitalist, either. It is a new way. A third way. A more humane, trusting, productive, exhilarating, and, in every sense, rewarding way.« Doch während Semcos Erfolg weiter wuchs, befand sich die brasilianische Wirtschaft in einer Rezession, die von mehreren Geldentwertungen, einer hohen Arbeitslosenquote, einer Hyperinflation und einer landesweiten Senkung der industriellen Produktivität geprägt war. Der Gewinn von Semco stieg zwischen 1994 und 2001 von 35 auf 160 Millionen US-Dollar. Und wer vor 20 Jahren 100 000 US-Dollar in den Betrieb investiert hat, bekommt dafür heute 5,4 Millionen US-Dollar zurück.

Auffallend an Ricardo Semlers Strategie ist, dass er seinen Mitarbeitern viel Wert beimisst. Das zeigt sich daran, dass er der beliebteste Arbeitgeber in ganz Brasilien ist. Die Mitarbeiter von Semco erhalten Freiheit, Geld, Verantwortung, Vertrauen, die Möglichkeit, sich selbst zu verwirklichen, Anerkennung und außerdem ein Gefühl von Stolz, weil sie bei einem guten Betrieb arbeiten. Gleichzeitig empfängt Semco auch viel von seinen Mitarbeitern. Sie sind loyal und produktiv. Außerdem sind sie innovativ, sie denken mit, sehen sich als Miteigentümer des Betriebs und bieten den Kunden guten Service. So liefern sie Kundenwerte und finanzielle Werte. Das Resultat dieses Werteaustauschs bringt sowohl die Kunden als auch die Eigentümer und Investoren weiter. Dies ist das Prinzip des Lustmanagements, das Teil des Leistungsmanagements ist: Mitarbeitern etwas bieten und etwas von ihnen erwarten, so dass auf beiden Seiten Gewinn erzielt wird (vgl. Abbildung 9). Semlers Beschreibung von Erfolg zeigt etwas Ähnliches: »Wenn die Größe der Organisation oder ihr Marktanteil die Erfolgsfaktoren wären, wären die Autohersteller ein Vorbild. Sie sind riesig und bestehen seit über 100 Jahren. Allerdings haben nur einige Menschen davon profitiert. Was hat es den anderen gebracht? Haben Mitarbeiter, Lieferanten und Kunden es genossen, für diese Giganten zu arbeiten? Ich habe den Eindruck, dass die Antwort ›nein‹ oder ›nicht wirklich‹ lautet. Der Erfolg einer Organisation besteht aus mehr als nur physischen, intellektuellen oder wirtschaftlichen Leistungen oder Dauerhaftigkeit. Es geht auch darum, dass die Aktivitäten wertvoll waren und den Teilnehmern, Mitarbeitern und Kunden eine Lösung geboten haben.«

Der Vergleich von Semlers Beispiel mit dem Zitat zu Anfang dieses Kapitels zeigt uns, dass Arbeitsfreude nicht automatisch zu Leistung und damit zu Ergebnissen führt. Alle betroffenen Parteien müssen durch das, was sie geben und nehmen, etwas gewinnen. Im Managementjargon heißt das »Love your people, ask for results«. Sobald eine der betroffen

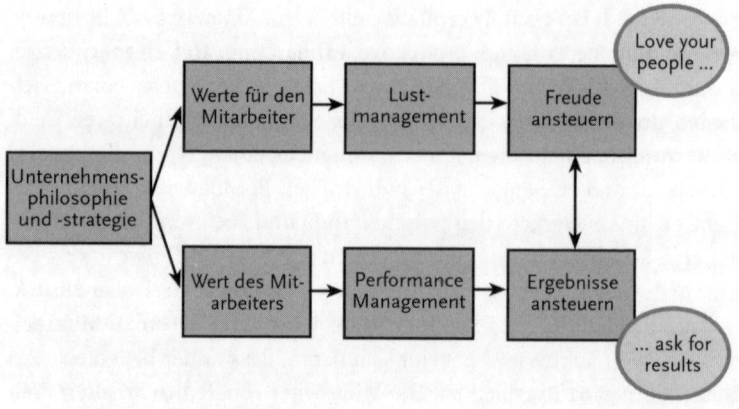

Abbildung 9: Werte für den Mitarbeiter und Wert des Mitarbeiters

Parteien nichts mehr gewinnt, gehen Arbeitsfreude und Leistung nicht mehr miteinander einher und Lustmanagement macht somit keinen Sinn. Der Internethype der jüngsten Vergangenheit hat uns das gezeigt. Die niederländische Journalistin Astrid Schutte (2003) stellte in einem Artikel die Frage, ob es immer und in jedem Fall für eine Organisation gut ist, die Arbeitsfreude und die Selbstständigkeit ihrer Mitarbeiter zu fördern. Dies ist allerdings nicht der Fall. Arbeitsfreude als höchstes Ziel funktioniert nicht. Wer Arbeitsfreude fördern will, benötigt einen Rahmen, ein übergeordnetes Ziel, mit dem sich alle identifizieren können. Aber wie bringt man das zustande? Wie kann man die Rahmenbedingungen schaffen, um eine Unternehmenskultur zu erhalten, in der Arbeitsfreude und Leistung einander stärken?

Was ist Lustmanagement?

Lustmanagement ist das, was man als Unternehmen oder Manager tut, um Mitarbeitern Werte zu bieten, um dadurch auch Kunden Werte bieten zu können. Das Unternehmen sorgt dafür, dass die Mitarbeiter Freude an der Arbeit haben. Die Mitarbeiter liefern wiederum Werte an das Unternehmen. Eine Organisation kann ihren Mitarbeitern aber nur dann die richtigen Werte bieten, wenn sie sich darauf bewusst einlässt und diesen Prozess plant, misst, evaluiert und anpasst. Das funktioniert auf Dauer nur dann, wenn jeder verantwortliche Manager diesem Prozess sowohl mit *viel*

Herzblut und mit dem Verstand zustimmt. Die Elemente, die die Mitarbeiter wertvoll finden, durch die sie Arbeitsfreude erfahren und zufriedener werden, sind die Freudepfeiler die wir im vorangegangenen Kapitel ausführlich vorgestellt haben. Lustmanagement ist daher, kurz gesagt, das Managen der Freudepfeiler. Die Kombination der einzelnen Freudepfeiler ist allerdings bei jedem Betrieb und sogar bei jedem Mitarbeiter wieder anders.

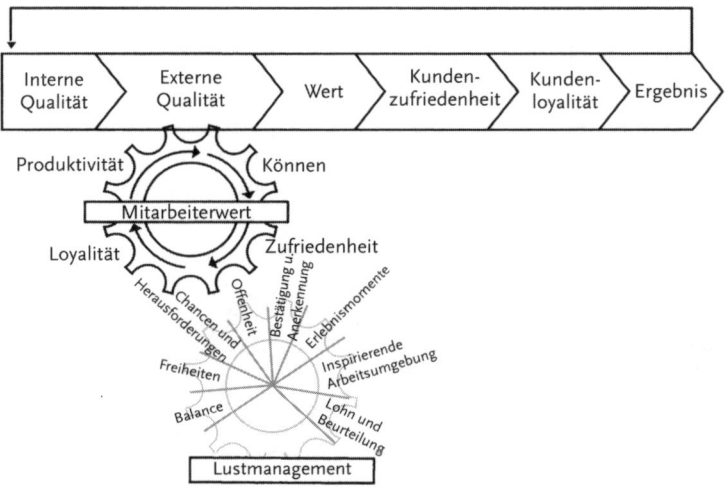

Abbildung 10: Lustmanagement und die Value Profit Chain

Im zweiten Kapitel haben wir bereits die Value Profit Chain vorgestellt, die einen Zusammenhang zwischen Mitarbeiterzufriedenheit, Kundenzufriedenheit und Gewinn herstellt. Wie verhalten sich Lustmanagement und die Value Profit Chain zueinander? Abbildung 10 zeigt, dass dieser Wert-Gewinn-Prozess vom Zahnrad »Mitarbeiterwert« in Gang gesetzt wird. In diesem Zahnrad stehen die Begriffe »Können«, »Loyalität« und »Produktivität«, die alle mit dem Wert von Mitarbeitern zu tun haben, aber auch der Begriff »Zufriedenheit«, der sich auf einen Wert *für* Mitarbeiter bezieht. Beim Lustmanagement geht es darum, Mitarbeitern in einem Unternehmen Werte zu bieten, so dass gleichzeitig auch der Wert der Mitarbeiter selbst steigt. Der Wert, den ein Unternehmen seinen Mitarbeitern bietet, besteht darin, dass die verschiedenen Freudepfeiler Inhalt und Form bekommen. Lustmanagement ist darum nicht etwas, womit man sich als Extraleistung über die normale Unternehmensführung hinaus beschäftigt. Es ist die Art und Weise, wie man den Betrieb führt. Es ist die Verwirklichung des viel gehörten, aber selten praktizierten Spruchs »Unsere Mitarbeiter sind unser wichtigstes Kapital«. Das heißt allerdings nicht, dass Lustmanagement von heute auf morgen die Resultate einer Organisation verbessern kann. Es dauert immer eine Weile, bis die Value Profit Chain ihre Früchte abwirft, zum Beispiel durch einen steigenden Umsatz. Nach unserer Erfahrung dauert es im Durchschnitt zwei bis drei Jahre, bevor die Resultate grundlegend verbessert sind und der Durchbruch realisiert ist. Kaplan und Norton ziehen in ihrem Buch *Strategy Maps* ähnliche Schlüsse. Aber jede Regel kennt auch Ausnahmen. Bei der Firma Nederlandse Spoorwegen war der Effekt in mehreren Bereichen bereits nach anderthalb Jahren sichtbar, und zwar bei der Mitarbeiterzufriedenheit, der Kundenzufriedenheit und den Finanzergebnissen.

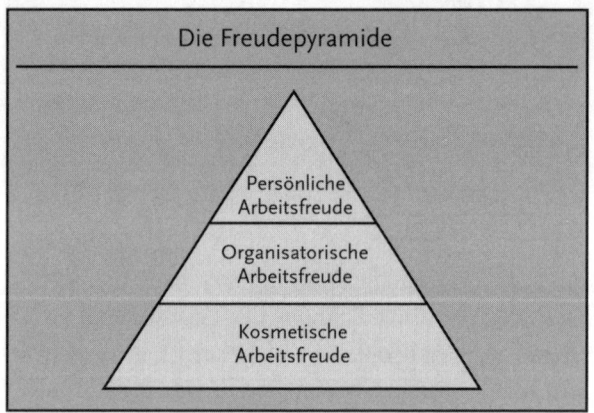

Abbildung 11: Die Freudepyramide

Neben dem Lustmanagement, das aus den unterschiedlichen Freudepfeilern besteht, kann man auch zwischen drei Stufen des Lustmanagements unterscheiden. Das sind die kosmetische, organisatorische und persönliche Freude, die die »Freudepyramide« bilden.

Kosmetische Arbeitsfreude
Auf der untersten Stufe der Pyramide stehen die Begriffe »Spaß haben« und »Feiern«. Es geht dabei zwar um wesentliche, aber doch eher äußere Formen von Arbeitsfreude, die sporadisch und häufig in Form von Pro-

jekten stattfinden. Dazu zählen Musik am Arbeitsplatz, ein Frisör, ein Betriebskindergarten, ein Flipperautomat, Betriebsausflüge und Feste. Solche Aktivitäten wirken sich positiv auf das Arbeitsklima und das Image des Unternehmens aus. Sie sind allerdings zu spärlich und zu sporadisch und bleiben deshalb selten im Gedächtnis. Kosmetische Arbeitsfreude richtet sich meist an alle Mitarbeiter, das heißt, alle können davon profitieren. Die Freudepfeiler, die vor allem auf dieser Stufe, der kosmetischen Arbeitsfreude, stehen, sind Erlebnismomente und die materielle Seite des Pfeilers »Inspirierende Arbeitsumgebung«, wie zum Beispiel die Ausstattung des Arbeitsplatzes sowie der Betriebs- und Büroräume.

Organisatorische Arbeitsfreude

Auf der mittleren Stufe der Freudepyramide steht die organisatorische Arbeitsfreude. Dabei wird aufgrund einer zielstrebigen Strategie systematisch probiert, die Arbeitsfreude in einer Organisation zu optimieren. Um dies zu verwirklichen, braucht man nicht nur Denk- und Tatkraft, sondern auch geeignete Instrumente. Diese sind zum Beispiel psychologische Tests, um die Persönlichkeitsmerkmale und Vorlieben der Mitarbeiter herauszufinden, oder auch regelmäßige Umfragen zur Mitarbeiterzufriedenheit und zum persönlichen Coaching. Der zentrale Ausgangspunkt ist dabei, dass man eine Balance zwischen den Wünschen und Zielen der Mitarbeiter und denen der Organisation sucht. Im nächsten Abschnitt behandeln wir Lustmanagement auf der organisatorischen Ebene noch ausführlicher und zeigen auf, wie es in die Unternehmensführung integriert werden kann.

Persönliche Arbeitsfreude

Die dritte Stufe in der Freudepyramide beinhaltet alle Aktivitäten, damit die Mitarbeiter als Persönlichkeiten zu ihrem Recht kommen. Dies hängt nicht nur von der Organisation, sondern natürlich auch von den betroffenen Personen selbst ab. Es geht dabei um das persönliche Interesse am Mitarbeiter als Individuum und nicht als Produktionsfaktor oder Funktion. Deshalb muss es einen Dialog zwischen Managern und Mitarbeitern über die gegenseitigen Erwartungen geben. Dabei geht es um maßgerechte Aufmerksamkeit, denn nicht jeder will sich auf dieselbe Art und Weise entwickeln.

Alwin, 21 Jahre, war als Soldat in Havelte (Niederlande) stationiert. Innerhalb seiner Kompanie war er ein unauffälliger Mitarbeiter. Er hatte keine Ausstrahlung und erbrachte keine Leistung. Nachdem dies seinem Vorgesetzten aufgefallen war, kamen die beiden ins Gespräch. Dabei kam es unter anderem zu folgenden Bemerkungen und Fragen: »Es geht so nicht weiter. Was willst du persönlich erreichen? Wie willst du arbeiten? Willst du hier bleiben? Wann entscheidest du dich, ob sich unsere Wege trennen? Und wie können wir gemeinsam dafür sorgen, dass du doch an Bord bleibst?« Auf der einen Seite wurde Alwin zur Verantwortung gezogen und erhielt dadurch klare Aussagen über seine Aufgaben im Team. Auf der anderen Seite bot man ihm Unterstützung an und gab ihm dadurch Vertrauen. In den Gesprächen kam heraus, dass Alwin an sich zweifelte und außerdem zu Hause Probleme hatte. Durch die persönliche Zuwendung, bei der er als Person gesehen wurde, blühte Alwin auf. Nach und nach übernahm er immer mehr Verantwortung und wurde sogar innerhalb seiner Kompanie zu einer Art Anführer.

Ein anderes Beispiel zum Thema »persönliche Arbeitsfreude« kommt aus unserem eigenen Unternehmen. Bei &Samhoud werden die wertvollsten Mitarbeiter durch individuelles Coaching bei der Formulierung und Verwirklichung ihrer Träume begleitet. Hierbei wird explizit von ihnen verlangt, dass sie ihre Triebfedern und Träume nennen. Anschließend werden sie beim Beantworten von Fragen unterstützt, etwa: »Willst du das wirklich? Kannst du das auch wahr machen?« Wenn sie diese Fragen mit Ja beantwortet haben, werden sie bei jedem Schritt auf dem Weg zur Verwirklichung ihres Traums begleitet. Diese Methode wird nicht bei allen Mitarbeitern angewendet. Nur diejenigen, die es selbst wollen und die am wertvollsten für die Organisation sind, kommen in Frage. Der Ausgangspunkt für persönliche Arbeitsfreude sind die Wünsche und Qualitäten der Mitarbeiter selbst. Anschließend schaut man, wie die Organisation diese nutzen und unterstützen kann.

Eine Organisation, die Lustmanagement einführen möchte, muss sich entscheiden, auf welcher Stufe der Pyramide sie ansetzt. Lustmanagement auf der kosmetischen Ebene führt nicht direkt zu Ergebnissen. Es geht hauptsächlich um die Momente des Feierns, um das Abstand gewinnen oder um Betriebsausflüge. Das ist an sich nicht schlecht, aber zu einseitig, um eine Unternehmenskultur zu schaffen, in der Lust und Leistung integriert sind. Darum können wir uns besser erst auf die zweite Stufe konzentrieren, die organisatorische Arbeitsfreude, bei der der Zusammenhang zwischen Lust und Leistung wesentlich ausgeprägter ist. Die Erfolge, und damit auch die »Feiermomente«, kommen dann von selbst. Das ist der Grund, warum dieses Kapitel vor allem auf die Arbeitsfreude auf der Organisationsebene eingeht. Die persönliche Arbeitsfreude, die oberste Stufe in unserer Pyramide, wird im sechsten Kapitel ausführlich behandelt, in dem wir die Kennzeichen eines Lustmanagers beschreiben.

Die Integration von Lustmanagement in die Unternehmensführung

An den Beispielen von Southwest Airlines und Semco haben wir gesehen, dass der Unternehmensführung eine wichtige Rolle bei der Verwirklichung von Lust und Leistung in einer Organisation zufällt. Aber Leistung allein reicht nicht aus. Sie ist nur der Beginn und der tragende Faktor. Lustmanagement muss in den Tagesablauf einer Organisation eingebettet werden. Ein Modell, das diesen Prozess zeigt, ist das IDEAL-Modell (vgl. Abbildung 12). Dieses Modell geht davon aus, dass die Unternehmenskultur aus mehr als Werten und Normen besteht. Sie umfasst auch die Ziele, das Verhalten, die subjektiven Erfahrungen und die Systeme der Organisation.

Das IDEAL-Modell dient als Rahmen, um Lustmanagement in einer Organisation Raum zu geben. Bevor wir dies vertiefen, beschreiben wir kurz die Begriffe, aus denen das IDEAL-Modell seinen Namen ableitet: Identität (Unternehmensphilosophie), Durchsetzen, Erleben, Abschätzung (Beurteilung) und Lenkung (in etwas abgeänderter Reihenfolge). Der erste Schritt dieses Prozesses, die Identität, beschäftigt sich mit der Ausrichtung einer Organisation. Dieser steht im Mittelpunkt, weil sich daraus fast automatisch die Strategie und die zugehörigen Verhaltensweisen ableiten. Danach werden die konkreten Ziele für die Unternehmensführung festgelegt, die mit der allgemeinen Ausrichtung, der Lenkung der Organisation übereinstimmen. Anschließend wird dafür gesorgt, dass die Identität und die konkreten Ziele auch tatsächlich ihren

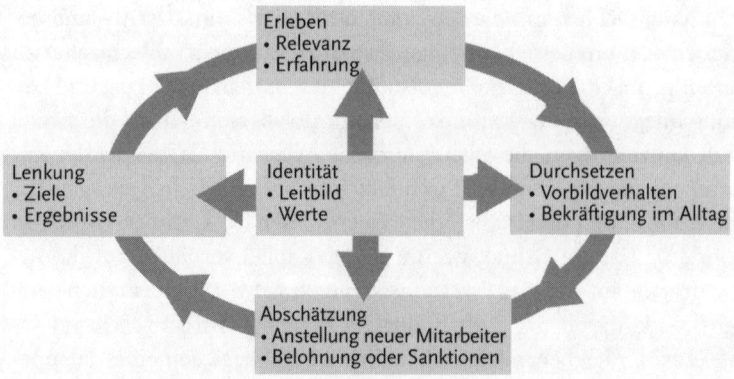

Abbildung 12: Das IDEAL-Modell

Weg in die Organisation finden und so erlebbar werden. So sehen die Mitarbeiter, dass sich etwas hinsichtlich des Lustmanagements tut, das es durchgesetzt wird. Am Ende des Kreislaufs wird beurteilt, ob und wie bestimmte Ziele verwirklicht worden sind, und die im Sinne der Identität der Organisation erfolgreichsten Mitarbeiter werden belohnt.

Identität/Unternehmensphilosophie

Menschen messen den Dingen, die sie tun, Sinn und Bedeutung bei. Die Unternehmenskultur basiert im Prinzip auf einer Vision, die die meisten Mitarbeiter akzeptieren. Dies ist die Seele, die Vision oder das Leitbild eines Unternehmens. Das Leitbild ist die allgemeine Ziel- und Grundsatzerklärung eines Unternehmens, die für die Mitarbeiter, aber darüber hinaus auch für Kunden und Shareholder von Bedeutung ist. Leitbilder werden vielfach auch als das Grundgesetz oder sogar als die Bibel bezeichnet. Sie enthält die langfristigen Ziele der Organisation und die Verhaltensrichtlinien der Organisationsmitglieder. Im Sinne von Jim Collins sprechen wir in diesem Zusammenhang von[1]

- einem höheren Ziel, dem Unternehmensleitbild: Wer sind wir? Woher kommen wir? Warum bestehen wir als Organisation?

---

1) J. Collins: Immer erfolgreich. Die Strategien der Topunternehmen, Stuttgart/München.

- den Grundwerten: Wofür stehen wir? Worauf legen wir Wert? Wie gehen wir miteinander um?
- einem gewagten Ziel, der Moon Mission[2]: Wohin wollen wir gehen? Was wollen wir erreichen? Wofür setzen wir uns ein? Was ist unser Anspruch?
- mehreren Leitsätzen: Was bedeuten die Grundwerte für unser tägliches Handeln? Welchen Verhaltensregeln verpflichten wir uns?

Wenn diese Komponenten nicht in Theorie und Praxis im Betrieb umgesetzt werden, macht Lustmanagement keinen Sinn. Mit anderen Worten: Wenn die Mitarbeiter sich nicht mit der Organisation identifizieren, führt Lustmanagement nicht zu den gewünschten Ergebnissen. Ein Herz für die Kunden und ein Herz für das eigene Aufgabengebiet sind für Lustmanagement absolut notwendig. Diese Feststellung hat große Folgen für die Auswahl und Einstellung neuer Mitarbeiter. Bei der Wahl der Mitarbeiter sind die Vision und die Grundwerte äußerst wichtig. Eine Studie zum Thema Arbeit von Watson Wyatt (Koster & Stolze, 2003) zeigt nämlich, dass Betriebe mit Mitarbeitern, die die Vision und die Ziele ihrer Organisation kennen, verstehen und auch danach handeln, einen um 29 Prozent höheren Umsatz als andere Unternehmen haben.

Die aufgeführten Bestandteile der Identität (Seele, Leitbild, Vision) zeigen auf, was innerhalb einer Organisation als erstrebenswert und akzeptabel angesehen wird. Der Kunde muss dabei Teil dieser Identität sein. Untersuchungen haben gezeigt, dass Betriebe, die eine klarere und weithin akzeptierte Zielstellung haben, erfolgreicher als Betriebe sind, in denen dies fehlt (Koster & Stolze, 2003). Hierbei ist übrigens entscheidend, dass diese Zielstellung darauf ausgerichtet ist, welche Ergebnisse der Betrieb seinen Kunden liefern will und welche Rolle die Mitarbeiter dabei spielen. Der Kunde muss dabei einen zentralen Platz in der Identität einnehmen. Dabei müssen Kunden und Mitarbeiter beim Namen genannt werden. Denn innerhalb eines Betriebs werden Kunden häufig Nummern, reservierten Sitzplätzen, Dossiers, Fällen oder eingereichten Beschwerden zugeordnet. Betriebe, die darauf Wert legen, ihren Kunden Werte zu bieten, wenden andere Begriffe an. Sie werden zum Beispiel als Gäste, Partner und manchmal sogar als Freunde bezeichnet. Auch für Mitarbeiter gibt es verschiedene Begriffe,

2) Ein »gewagtes Ziel« wird nach dem ebenso riskanten wie gelungenen NASA-Programm der sechziger Jahre auch als »Moon Mission« bezeichnet. Die Frage, die sich jedes Unternehmen stellen muss, lautet: »Wer oder was ist unser Mann auf dem Mond?«

zum Beispiel Resources oder Arbeitnehmer. Bei Southwest Airlines heißt die Abteilung, die sich mit Personalangelegenheiten beschäftigt, »People Department« (Abteilung Menschen). Bei der Luxushotelkette Ritz Carlton gilt das Motto: »We are Ladies and Gentlemen serving Ladies and Gentlemen.« (Hemp, 2002) Das klingt ganz anders als »Wir müssen unsere Kunden noch stärker ›melken‹ «, und es zeugt auch von einer ganz anderen Einstellung. Diese Begriffe zeigen ganz genau, wie bestimmte Organisationen mit ihren Kunden und Mitarbeitern umgehen. Das heißt übrigens nicht, dass es ausreicht, ein paar Namen zu ändern, wenn man eine Kultur von Lust und Leistung verwirklichen will, aber es ist sicher ein Schritt in die richtige Richtung. In einem zweiten Schritt muss man sich mit der Definition der Werte befassen, die den Kunden und Mitarbeitern geboten werden sollen. Welche Lösungen bietet der Betrieb seinen Kunden? Welche Werte gibt er seinen Mitarbeitern vor? Eine explizite Umschreibung dieser Werte gibt direkt die Richtung für die weitere Konkretisierung und Einbettung von Lustmanagement in eine Organisation an. Eine von vielen getragene Zielsetzung und Grundwerte, mit denen sich alle identifizieren können, bieten Mitarbeitern einen Rahmen, innerhalb dessen sie dann viele Freiheiten und Selbstbestimmungsrecht bekommen können, gerade weil sie sich den Zielsetzungen und Grundwerten verbunden fühlen.

Exkurs

Auffallend ist, dass viele Leitbilder für Außenstehende nicht viel mehr als leere Versprechungen oder ein Brei von Selbstverständlichkeiten sind. Oft könnte man einen Firmennamen problemlos mit dem eines Konkurrenten austauschen. Eine anziehende, einzigartige Identität kann man anhand verschiedener Kennzeichen identifizieren. Während die Ziele den SMART-Kriterien (spezifisch, messbar, attraktiv, realisierbar, terminiert) entsprechen müssen, gelten bei einem Leitbild die AMORE-Kriterien (ambitioniert, motivierend, offensiv, relevant, echt).

Kriterium »ambitioniert«

Aus dem Leitbild müssen die Ambitionen und der Zweck des Unternehmens hervorgehen und es soll zum Nachdenken über die Dinge, die man noch verbessern könnte, anregen.

Kriterium »motivierend«

Das Leitbild muss die Mitarbeiter motivieren, sie inspirieren und ihnen Energie geben: »Packen wir's an!« Es muss sich leicht einprägen, einen hohen Wert ausdrücken und das Gefühl ansprechen. Es darf allerdings keine »license to play« sein.

Kriterium »offensiv«

Das Leitbild muss sich von dem anderer Unternehmen unterscheiden und zu grundlegenden Entscheidungen beitragen.

Kriterium »relevant«

Das Leitbild muss sich an alle Stakeholder richten. Es richtet sich zuallererst an treue Kunden, motivierte Mitarbeiter und zufriedene Aktionäre und muss über einen Zeitraum von mehreren Jahren relevant bleiben und im Alltag sichtbar sein, so dass es für alle innerhalb der Organisation unmissverständlich ist.

Kriterium »echt«

Das Leitbild muss authentisch und glaubwürdig sein. Es muss zum Unternehmen passen und »gelebt« werden. Außerdem muss es in eine Unternehmensstrategie umgesetzt werden können: Man muss tun, was man sagt.

Zu Beginn dieses Kapitels haben wir das Unternehmen Semco vorgestellt. Dieses Unternehmen hat den Schritt »Identität« ausgeführt, indem es zehn Prinzipien definierte. Sie geben genau an, wie die Organisation mit ihren Kunden, ihren Mitarbeitern und dem Umfeld umgehen will (vgl. Abbildung 13).

Ein seriöses und verlässliches Unternehmen sein.

Ehrlichkeit und Transparenz schätzen.

Balance zwischen kurzfristigen und langfristigen Gewinnen.

Dem richtigen Kunden die richtigen Produkte und Dienstleistungen, zum richtigen Preis, als Bester auf dem Markt anbieten.

Besondere Beachtung des Kunden, wobei Verantwortung für den Kunden wichtiger als der Umsatz ist.

Kreativität anregen und schätzen.

Jeden belohnen, der sich daran beteiligt, die von der Unternehmensführung getroffenen Entscheidungen zur Diskussion zu stellen.

Erhalt einer informellen und professionellen Arbeitsumgebung.

Sichere Arbeitsplätze schaffen und industrielle Prozesse kontrollieren, um die Umwelt zu schützen.

Fehler zugeben und vergeben, in dem Bewusstsein, dass jeder Fehler eine Chance ist, sich zu verbessern.

Abbildung 13: Semco-Prinzipien

Ein Beispiel aus unserer eigenen Erfahrung betrifft ein Projekt zur Entwicklung eines Leitbilds beim Versicherungskonzern der AMB Generali Gruppe, das durch seinen Umfang und die Vorgehensweise einzigartig ist. Im Gegensatz zu den Konkurrenten Allianz oder AXA, ist die AMB Generali Gruppe dezentral strukturiert. Zu diesem Unternehmenskonglomerat gehören die Aachener und Münchener, die Volksfürsorge, die Generali Versicherungen, CosmosDirekt und AdvoCard. Um sich dem Unternehmensziel »Einheit in Vielfalt« zu nähern, beschloss die Konzernleitung, neben der Vereinigung der unterschiedlichen Unternehmensstrukturen und der IT-Systeme auch die kulturelle Integration zu wagen. Auf freiwilliger Basis formulierten zunächst rund 150 Manager aller zugehörigen Unternehmen auf zweitägigen Workshops ein Leitbild für die gesamte Unternehmensgruppe. Anschließend wurde für jedes Konzernunternehmen ein eigenes Leitbild formuliert. Dabei diente das Leitbild der Unternehmensgruppe als fester Rahmen, in dem man sich ansonsten frei bewegen konnte. Dieser Workshop hatte zunächst zur Folge, dass sich nicht nur das gegenseitige Vertrauen, sondern auch die Zusammenarbeit entschieden verbesserte. Um diesen Erfolg nicht zu gefährden und ihn weiter auszubauen, fanden sowohl auf Konzernebene als auch auf der Unternehmensebene koordinierte Maßnahmen zur Umsetzung des Leitbildes statt. Denn die Formulierung eines Leitbildes beträgt nur 20 Prozent der Arbeit. Die restlichen 80 Prozent bestehen aus der Umsetzung, um das Leitbild tatsächlich ins Leben zu rufen.[3]

> Hans Becker, Direktor der Wohltätigkeitsorganisation Humanitas: Die Rotterdamer Stiftung Humanitas verwaltet 25 Häuser, in denen 4 500 ältere Menschen wohnen, versorgt und gepflegt werden. Für die Stiftung arbeiten 2 000 Mitarbeiter. Als Becker vor zehn Jahren seine Stelle als Direktor antrat, bot sich ihm ein trauriges Bild. Die Gebäude waren kahl und abgenutzt, die Gänge wurden von kranken und behinderten alten Menschen bevölkert. Es war ein Ort, an dem sich niemand freiwillig aufhalten würde.« (Schutte, 2003) Becker hat dies von Grund auf geändert und ein neues Leitbild für Humanitas geschaffen: menschlich wohnen. Die Bewohner bekamen mehr Mitspracherecht und auch Mitarbeiter konnten selbst mehr Einfluss auf ihre eigene Arbeit ausüben.»Nachdem zehn Jahre lang Regeln gestrichen und Wohnumgebungen verbessert wurden, ist die Stiftung inzwischen bei den Mitarbeitern so beliebt, dass wir im Gegensatz zu vielen anderen Pflegeheimen keinen Personalmangel mehr haben.« (Schutte, 2003)

Identität bedeutet, dass man sich vor Augen führt, welche Werte man wem bieten will, welche Lösungen man umsetzt und welchen Dingen man Wert beimisst. Sie schließt bei Faith beziehungsweise der Sinngebungsdimension von Arbeitsfreude an, die im zweiten Kapitel vorgestellt wurde. Manche Betriebe gehen dabei sehr weit. Das amerikanische Reinigungsunternehmen Servicemaster hat zum Beispiel den folgenden Grundwert aufgenommen: »Honor God in all we do.«

---

3) Diese Ergebnisse stammen aus einer Studie, die die Funktion und die Wirkungskraft von Leitbildern bei 125 britischen und amerikanischen (Non-)profit Organisationen untersucht. Siehe: H. Davidson: The Committed Enterprise. How to make vision and values work. Oxford 2002.

Lenkung

Nur mit Identität und Grundwerten kommt eine Organisation nicht weit. Beide müssen in Ziele und Ergebnisse umgesetzt werden. Organisationen setzen sich kurz- und langfristige Ziele, um sich weiterzuentwickeln. Die Verwirklichung dieser Ziele hängt von den treibenden Faktoren ab, die zum gewünschten Ergebnis führen und die wiederum von Einflussfaktoren abhängen. Ein gutes Lenkungssystem konzentriert sich nicht nur auf die Weiterentwicklung der Ziele, sondern auch auf die treibenden Faktoren dieser Ziele.

Den besten Effekt kann man erzielen, wenn man sich als Organisation nicht nur über die Finanzkennzahlen, sondern auch darüber bewusst ist, wie es mit den Kunden und Mitarbeitern steht. Diese beiden Parteien, die wir im dritten Kapitel besprochen haben, haben den größten Einfluss auf den langfristigen Erfolg, weil sie für den Umsatz sorgen. Dabei geht es zunächst darum, dass Mitarbeiter Werte in Form von Gehalt, Entwicklungsmöglichkeiten, Sinngebung oder Bestätigung erhalten und diese auch selbst in Form von Leistung, innovativem Denken, Verkauf oder Empfehlungsverhalten geben. Außerdem geht es darum, dass die Kunden Werte in Form von Umsatz, Empfehlungsverhalten, Treue oder Customer-Lifetime-Value (Kundenwert) liefern und Werte in Form von gewünschten Produkten oder Service, eines Ergebnisses, einer Erfahrung oder eines Zeitgewinns empfangen. Diese Einflussfaktoren sind die zentralen Themen, mit denen sich eine Organisation beschäftigen sollte, und daher Bestandteil einer guten Unternehmensführung. Die Indikatoren müssen bei der Ausrichtung und der Strategie einer Organisation berücksichtigt werden. Deshalb sind sie in jedem Betrieb unterschiedlich, da jeder Betrieb eine andere Zielsetzung hat. Becker, Huselid und Ulrich haben hierfür in ihrem Buch *De HR Scorecard* eine gute Methode entwickelt, deren »Gerüst« wir hier in allgemeinen Begriffen wiedergeben. Abbildung 14 beinhaltet eine mögliche Konkretisierung dieses Gerüstes.

Auf diese Weise behält man nicht nur die Ziele im Auge, sondern auch den Weg dorthin. Sinken die Werte, die den Mitarbeitern vorgegeben werden, kann die Organisation rechtzeitig eingreifen, bevor die Mitarbeiter das Unternehmen verlassen. Es geht hier also um Indikatoren, die nicht nur den aktuellen Sachverhalt darstellen, sondern auch den Kern des zukünftigen Erfolgs einer Organisation berühren. Eine Methode ist die Balanced Scorecard, die von vielen Betrieben mit unterschiedlichem Er-

Werte für den Mitarbeiter	• Wie viel Prozent der Mitarbeiter haben Freude an der Arbeit? • Welche Pfeiler sind für die Mitarbeiter am wichtigsten? • Wie viel Prozent der Mitarbeiter finden, dass die Balance zwischen Werte geben und empfangen ausgewogen ist?
Wert des Mitarbeiters	• Durchschnittlicher Umsatz je Mitarbeiter • Botschafterverhalten der Mitarbeiter • Loyalität der Mitarbeiter • Das Vertrauen der Mitarbeiter in die Zukunft des Betriebs
Werte für den Kunden	• Kundenzufriedenheit • Preisunterschied bei den Dienstleistungen der Konkurrenz und der eigenen Organisation • Qualitätsunterschied bei den Dienstleistungen der Konkurrenz und der eigenen Organisation
Wert des Kunden	• Durchschnittlicher Umsatz je Kunde • Botschafterverhalten der Kunden • Loyalität der Kunden
Finanzen	• Gewinn • Gewinnspanne • Investitionen in Kunden • Investitionen in Mitarbeiter

Abbildung 14: Beispielindikatoren

folg angewendet wird. Die Gründe, warum eine gute Unternehmensführung zu guten oder weniger guten Ergebnissen führt, hängen von vielen Faktoren ab. Ein erster ganz kritischer Faktor hat damit zu tun, dass nicht zu viele Indikatoren definiert werden dürfen. Es geht nur um die Indikatoren, die für die Organisation wesentlich sind. Schränkt man die Anzahl der Indikatoren ein, gibt man so die Prioritäten einer Organisation an. Ein zweiter wichtiger Faktor ist, dass die Indikatoren alle betroffenen Stakeholder, Kunden, Mitarbeiter und Aktionäre, einbeziehen müssen. Diese müssen den Wert von und die Werte für jeden Stakeholder angeben. Deshalb können die Ziele nicht auf allen Freudepfeiler aufbauen. Es geht darum, die wichtigsten Pfeiler für die Organisation und die Mitarbeiter festzustellen, die dann in die Unternehmensführung aufgenommen werden.

Erleben

Was nicht gemessen werden kann, wird auch nicht als wichtig empfunden. Es reicht aber bei weitem nicht aus, alle wichtigen Dinge zu messen. In den Köpfen aller Betroffenen muss sich einiges ändern, wenn eine Organisation den Übergang zu einer Lust- und Leistungskultur schaffen will. Es geht nämlich darum, dass

- alle (Management)-Informationen für die gesamte Organisation einzusehen sind,
- diese Informationen angeben, welche Werte und Ergebnisse für die unterschiedlichen Betroffenen wie Mitarbeiter, Kunden, und indirekt auch Aktionäre und die Gesellschaft, erreicht worden sind,
- diese Informationen in allen Teilen der Organisation eine Rolle spielen.

Das Geheimnis der Lust- und Leistungskultur und damit auch die Rolle der (Management-)Informationen liegt in der internen Kommunikation. Diese Erkenntnis ist nicht neu. Wird aber in der internen Unternehmenskommunikation überhaupt die Sprache des Empfängers gesprochen? Dies hat Konsequenzen für die Art und Weise, wie wir kommunizieren und wie dies auf den Einzelnen wirkt. Damit Botschaft bei allen Mitarbeitern ankommt, muss sie unterschiedlich überbracht und wiederholt werden. Sie müssen die Ziele und Resultate der Organisation sozusagen kennen, hören, sehen, fühlen und riechen. Aber wie erreicht man das? Stellen Sie sich vor, dass Sie als Manager am Monatsende die Ergebnisse Ihrer Abteilung präsentieren. Sie könnten das etwa wie folgt anpacken:

- *Kennen*: Wenn Fakten und Zahlen strukturiert präsentiert und kommuniziert werden, lässt sich die schrittweise Entwicklung einer Organisation erkennen. Da deren Aussagen objektiv sind, kann man so die Leistungen der eigenen Organisation mit denen anderer Organisationen vergleichen. Dabei müssen sowohl gute als auch schlechte Zahlen betrachtet werden. Der Supermarktriese Wal-Mart versammelt wöchentlich die Filialleiter. In dem Konferenzraum befindet sich ein großer Bildschirm, auf dem sich im Sekundentakt die Zahlen ändern. Diese Zahlen zeigen den Betrag an, den Wal-Mart-Kunden pro Jahr sparen, weil sie bei Wal-Mart und nicht bei der Konkurrenz einkaufen. So werden die Manager ständig damit konfrontiert, für welchen Zweck sie arbeiten und zu welchem Ergebnis ihre Arbeit führt. Sie sehen es vor sich. Das bringt uns direkt zum nächsten Punkt.

- *Sehen*: Durch Visualisierung der Fakten und Zahlen in Schaubildern, Diagrammen und attraktiv gestalteten Grafiken mit beunruhigenden oder beruhigenden Farben wird der Stand der Dinge direkt und eindeutig mit den Stärken und Schwächen aufgezeigt.

- *Hören*: »Die Grundwerte und die Ziele einer Organisation werden erst dann wirklich konkret, wenn es Anekdoten darüber gibt, wie sie umgesetzt worden sind«, behauptet Edgar Schein (1992). Eine Anekdote zeigt, was wirklich wichtig ist, wer die »Helden« in einer Organisation sind, und wie mit gutem oder schlechtem Verhalten umgegangen wird. Eine spannend erzählte Geschichte bringt Menschen in Bewegung. Oft versuchen Manager ihre Mitarbeiter mit konventioneller Rhetorik, Argumenten und Zahlen zu motivieren. Aber was Menschen wirklich bewegt, sind in der Regel Emotionen. Eine Anekdote ist ein ausgezeichneter Überbringer von Gefühlen, weiß der Drehbuchautor Robert McKee (2003). Sie gibt den Kampf zwischen Erwartungen und Wirklichkeit wieder. Das wollen Menschen hören und weitererzählen. Sie wollen an der Geschichte teilnehmen. Die Zuhörer fragen sich, wie sie in dieser Situation gehandelt hätten. Darum bringt eine Anekdote Menschen auch in Bewegung. Und das ist in Organisationen äußerst wichtig. Ein gutes Beispiel ist die Geschichte von einem technischen Spezialisten bei Action (Schein, 1992). Er wurde am frühen Abend angerufen und gebeten, sich so schnell wie möglich zu einem ausländischen Kunden zu begeben, um dort ein großes und kompliziertes technisches Problem zu lösen. Er machte sich sofort auf den Weg, erreichte in letzter Sekunde sein Flugzeug, hatte aber vorher keine Zeit mehr, seine Koffer zu packen. Er saß also ohne Kleider im Ausland und musste alles vor Ort kaufen, weil die Lösung des Problems eine Woche dauerte. Der technische Spezialist deklarierte diese Notkleidung bei seinem Betrieb, aber die Buchhaltung akzeptierte dies nicht und weigerte sich, die Rechnung zu bezahlen. Schließlich war der technische Spezialist nicht zum Kleiderkauf befugt gewesen. Als Murphy, der Firmenchef, davon hörte, wies er die Buchhaltung zurecht und sorgte dafür, dass die Kosten so schnell wie möglich erstattet wurden. Diese Geschichte spricht eindeutig Anerkennung für die Wichtigkeit, die Motivation, das Engagement und das Können der technischen Spezialisten aus. Solche Mitarbeiter, die sofort reagieren, sind diejenigen, die echten Kundenservice leisten. Außerdem zeigt sie auch, dass ein Mitarbeiter sich einige Freiheiten erlauben kann, wenn es darum geht, einem Kunden schnell zu helfen. Wenn bei ihnen der Kunde an erster Stelle steht, bekommen sie dafür sogar Anerkennung, selbst wenn sie sich außerhalb ihrer normalen Befugnisse bewegen. Diese Anekdote ging wie ein Lauffeuer durch die Organisation. Es gibt noch mehr Beispiele und Geschichten, in denen beschrieben wird, wie die Organisation in der Vergangenheit eine kritische Situation gemeistert hat, oder Anekdoten von Kunden, die außerordentlich gut oder außerordentlich schlecht behandelt wurden, und wie die Organisation damit umgegangen ist. So sehen Mitarbeiter und Manager, worum es wirklich geht, welches die Herausforderungen sind und was von ihnen erwartet wird.

Indem Sie Ihre Botschaft auf unterschiedliche Arten kommunizieren, erreichen Sie bei allen Betroffenen den gewünschten Effekt. *Erleben* bedeutet nicht *Fun*. Hier geht es darum, dass man spürt, wie das Verhältnis zwischen dem Unternehmen und seinen Mitarbeitern sowie Kunden und wie die finanzielle Situation des Unternehmens ist. Ein Beispiel aus unserer Beratungspraxis, das Bände spricht, kommt aus der AMB Generali Gruppe. Wie bereits im Abschnitt »Identität« beschrieben, wurde ein Leitbild für die Unternehmensgruppe entwickelt. Nachdem das Konzept für das neue Leitbild stand, musste es nur noch dem Topmanagement präsentiert und von diesem definitiv angenommen werden. Die Identität kann für den Erfolg einer Organisation eine enorme Rolle spielen. Aber es fängt immer bei einer kleinen Gruppe an. Um dies zu betonen, mussten wir in die Präsentation des Leitbildes die Adjektive »klein« und »groß« einfließen lassen. Wie es der Zufall will, besteht das Logo der AMB Generali Gruppe unter anderem aus einem Löwen.

Ein Augenzeuge erzählt:

»Nachdem das Leitbild angenommen worden war, wurde die Sitzung vertagt. Einer der Consultants ging nach vorne und sagte, dass dies ein besonderer Moment sei, der auf eine besondere Art und Weise gefeiert werden müsse. Daraufhin mussten wir ihm in einen anderen Raum folgen. Dort hing ein großer Vorhang. Niemand wusste, was passieren würde, alle fragten sich, was sich hinter dem Vorhang befand. Die Spannung wurde durch anschwellende Musik noch gesteigert. Dann bewegte sich der Vorhang und es kam ein Löwenbaby darunter hervorgekrochen, das eine kleine Rolle um den Hals trug. Darin befand sich das neue Leitbild. Der Vorstandsvorsitzende nahm den Löwen auf den Arm und präsentierte uns das neue Leitbild. Wir fanden es schon niedlich, so ein Tierbaby. Dann ergriff jemand das Wort und sagte, dass die Identität wachsen und stärker werden muss – sie muss »leben«. Danach wurde die Spannung weiter gesteigert, bis dann die Tür aufging und ein ausgewachsener Löwe in den Raum kam! Ich habe mich furchtbar erschreckt. Zum Glück war ein Tierbändiger dabei, der den Löwen mit einem dicken Seil festhielt. Trotzdem hatte ich ein bisschen Angst. Wenn der Löwe jemanden angreifen wollte, konnte er den Tierbändiger einfach mitschleifen. Die Situation vergesse ich bestimmt nicht so schnell!«

Der Löwe hatte einen enormen Effekt. Er jagte den Anwesenden Angst und Ehrfurcht ein. Gleichzeitig sorgte er bei den Managern für ein Gefühl von Stolz: »Das steckt in uns, so stark können wir auch werden.« Diese Begebenheit verbreitete sich wie ein Lauffeuer in der Organisation.

Durchsetzen

Wenn das Prinzip der Lust- und Leistungskultur in einer Organisation »erlebt« wird, ist das Ziel, Lustmanagement in der Organisation zu etablieren, längst noch nicht erreicht. Denn dieses »Erlebnis« wird nach kurzer Zeit wieder vergessen. Daher müssen die Identität, die Grundwerte und der Fokus auf Kunden und Mitarbeiter immer wieder in die täglichen Aufgaben zurückkehren. Mit anderen Worten: Die Botschaft muss ständig verbreitet und bestätigt werden. Die Kultur von Lust und Leistung muss deshalb in die Prozesse eingebettet werden, die den Tagesablauf prägen. Wie dies im Einzelnen umgesetzt wird, ist je nach Unternehmen verschieden. Allgemein können folgende Tipps gegeben werden:

- Manager zeigen Vorbildverhalten. Wenn das Managerteam sagt, dass Mitarbeiter etwas tun müssen, halten sie sich auch selbst daran.
- Mitarbeiter haben Zugang zu allen relevanten Informationen innerhalb der Organisation. Die Organisation kommuniziert die wichtigsten Kennzahlen pro-aktiv.

- Die Grundwerte und die Kunden- und Mitarbeiterziele kehren in den Rollen- beziehungsweise Funktionsprofilen zurück und damit auch in der Beurteilung von allen Mitarbeitern.
- Mitarbeiter mit Kundenkontakt haben im bestimmten Rahmen eigene Entscheidungsbefugnis.
- Jede Aufgabe ist eine neue Herausforderung.
- Der Erreichungsgrad der unterschiedlichen Ziele wird regelmäßig gemessen und kommuniziert. Die Resultate werden intern und auch mit denen anderer Organisationen verglichen.
- Best Practices in der Organisation werden belohnt und kommuniziert. Die Verantwortlichen der Best Practices werden als interne Berater für andere Abteilungen der Organisation eingesetzt.
- Mitarbeiterumfragen zeigen deutlich, was Mitarbeitern wichtig ist und was sie von der Organisation erwarten. Durch die Konkretisierung der unterschiedlichen Freudepfeiler werden die Werte, die die Organisation ihren Mitarbeitern bietet, erhöht. Durch regelmäßige Messungen werden Wachstum oder Rückgang schnell sichtbar.
- Es ist nachvollziehbar, wer für welchen Kunden und welche Mitarbeiter verantwortlich ist, sowohl im Bezug auf die Werte, die diese empfangen, als auch auf die Werte, die von ihnen erwartet werden. Die Anzahl der Schnittstellen wird dadurch auf das Nötigste reduziert.
- Die Organisation benutzt ausschließlich konkrete Instrumente, um eine Unternehmenskultur zu schaffen, die von Lust und Leistung geprägt ist. Diese sind beispielsweise MBTI und die persönlichen Entwicklungspläne. Im fünften Kapitel gehen wir auf den Nutzen der verschiedenen Instrumente ein.

Am wichtigsten ist allerdings das Vorbildverhalten. Wie kann ein Manager Offenheit von seinen Mitarbeitern erwarten, wenn er selbst nicht offen ist? Wie kann ein Teammitglied von anderen erwarten, dass sie kundenorientiert arbeiten, wenn es selbst in dieser Hinsicht nichts zustande bringt? Wie kann ein leitender Angestellter Werte von seinen Mitarbeitern verlangen, wenn er selbst die Werte nicht vorlebt? Was denkt und tut ein Mitarbeiter, wenn er hört, welche Werte wichtig sind, während diejenigen, die ihn dazu anhalten, sie selbst nicht verwirklichen?

Dafür haben wir zwei Beispiele: Einer der Grundwerte von Direktversicherer CosmosDirekt ist Kostenbewusstsein. Dieser Wert hat sich für

den Erfolg des Unternehmens als richtungsweisend erwiesen. Kostenbewusstsein auf allen Ebenen bestimmt den Alltag. Im Flur brennt zum Beispiel nie unnötig Licht. Die Büros sind nett eingerichtet, jedoch mit preis-
günstigen Möbeln. Die Mitarbeiter machen sich gegenseitig darauf auf-
merksam, wenn sie den Eindruck haben, dass jemand mehr Geld ausgibt
als notwendig. Normalerweise haben die Direktoren von Versicherungs-
unternehmen immer neue, luxuriöse Firmenwagen, und neue Direktoren suchen sich natürlich als Erstes ein solches Auto aus. Auch Cosmos-
Direkt bekam einen neuen Direktor. Dieser suchte sich allerdings kein
neues Auto aus, sondern fuhr einfach den Wagen seines Vorgängers weiter und gab damit ein klares Statement ab. Man muss nicht lange raten,
welchen Effekt dieses Verhalten auf das Vertrauen und den Respekt der
Mitarbeiter hatte.

Dr. Walter Thießen, Vorstandsvorsitzender der AMB Generali Gruppe, machte sich für mehr Offenheit und Klarheit innerhalb der gesamten
Organisation stark. Gleichzeitig war das Unternehmen sehr hierarchisch
strukturiert, so dass niemand wagte, seinen Chef zu kritisieren. Thießen
war klar, dass er selber den ersten Schritt tun musste, um mehr Offenheit und damit einen Durchbruch zu schaffen. Darum ließen er und alle
Vorstandsmitglieder sich von den Managern anhand der Grundwerte der
Organisation, Leidenschaft für Kunden, Partnerschaft in der Zusammenarbeit, Eigenverantwortung im Handeln, Wille zum Erfolg, beurteilen. Den Managern waren diese Offenheit und das Feedback zunächst ein
wenig unheimlich. Aber als Dr. Thießen vor allen Managern ein Feedback bekam, zeigte sich, dass es wirklich etwas bringt, wenn der Konzern-
chef zu seinem Wort steht.

Abschätzung/Beurteilung

Wenn die Ausrichtung, die Grundwerte, die Ziele und die Ergebnisse
einer Organisation bekannt und in ihr eingebettet sind sowie gelebt werden, ist der darauf folgende Schritt die Beurteilung der Organisation und
ihrer Mitarbeiter. Die Ergebnisse dieser Evaluation müssen mit den Zielen und der Identität verglichen werden. Positive Entwicklungen werden
dabei belohnt. Etwas, was den Stakeholder keinen Wert liefert, muss verbessert oder abgeschafft werden. David Maister gibt in seinem Buch *Maak
waar wat je zegt* (2001) an, dass eines der wichtigsten Lernziele einer Leistungskultur die Intoleranz von ungenügenden Leistungen ist. Das be-

deutet, dass man als Führungskraft nicht nur etwas sagt, sondern es auch verwirklicht. Beurteilungen finden auf unterschiedlichen Ebenen statt:

- im gesamten Betrieb oder Konzern,
- in der Business Unit,
- in der Abteilung,
- auf der persönlichen Ebene.

Bei der Beurteilung soll festgestellt werden, welchen Wert jeder Teil des Unternehmens und jeder Mitarbeiter den unterschiedlichen Stakeholdern in einer Organisation geliefert hat. Je mehr Wert ein Mitarbeiter gibt, desto mehr bekommt er auch zurück. Das kann in Form von Gehaltserhöhungen, mehr Freiheiten, neuen Chancen, Weiterbildungen oder Anerkennung stattfinden. Die leistungsfähigen Mitarbeiter bekommen beispielsweise anspruchsvolle Aufgaben, die sie herausfordern. Das heißt, dass man als Organisation zwischen den Mitarbeitern differenzieren muss. Mitarbeiter, die die höchsten Werte schaffen, egal in welcher Form, wie wir im zweiten Kapitel gesehen haben, bekommen von der Organisation den höchsten Wert zurück. Jack Welch (2001) von General Electric geht dabei sehr weit: Differenzierung heißt für ihn, dass er seine Mitarbeiter in A-, B- und C-Mitarbeitern einteilt. Zu den A-Mitarbeitern, der absoluten Spitze, zählen 10 Prozent der Mitarbeiter. Diese 10 Prozent liefern exzellenten Kundenwert und ausgezeichnete Leistungen und haben einen positiven Einfluss auf ihre Kollegen. Wenn jemand von außerhalb morgens am Eingang eines Betriebs stünde und die ankommenden Mitarbeiter fragte, wer der beste Mitarbeiter oder der beste leitende Angestellte sei, würde ihm schnell klar werden, wer zu den besten 10 Prozent gehört. Wir haben die Probe aufs Exempel gemacht und uns um halb neun an den Haupteingang von Fortis ASR gestellt. Alle ankommenden Mitarbeiter haben wir gefragt, wer der inspirierendste Manager sei. In einer Organisation von über 1 000 Mitarbeitern kamen die besten Manager von alleine zum Vorschein. Auf dem ersten Platz stand ein Manager, der in einer Unit arbeitete, in der man sich mit Lustmanagement beschäftigte. Reiner Zufall? Die zweite Gruppe, die Welch als die B-Mitarbeiter definiert und zu der 70 Prozent der Mitarbeiter zählen, bildet das Herz des Unternehmens. Sie ist für den erfolgreichen Verlauf des Tagesgeschäftes von zentraler Bedeutung. Obwohl es sich bei dieser Gruppe oft um fähige und stabile Mitarbeiter handelt, werden sie häufig nicht genügend beachtet und anerkannt. Viele von ihnen sind zukünftige A-Mitarbeiter. Innerhalb eines Unternehmens muss aber die Anzahl der A-Mitarbeiter begrenzt bleiben, da sonst viel Unruhe und Rivalitäten unter den Mitarbeitern entstehen. Sie bilden daher ein Gegengewicht zu diesen *High Performance Visionaries* in einer Organisation, denn Visionäre sind von tollkühnem Verhalten gekennzeichnet, das eine Organisation ins Schlingern bringen kann. B-Mitarbeiter dagegen liefern Stabilität und gewähren beispielsweise optimalen Kundenservice, auch wenn große Umwälzungen in der Organisation stattfinden. Trotzdem erfahren die besten und die schlechtesten Spieler die meiste Beachtung vom Management, so behauptet Tom deLong (2003). Warum werden B-Mitarbeiter so wenig beachtet? Das hat vor allem mit ihrem Temperament zu tun. Sie fordern nicht ständig Zeit und Aufmerksamkeit von ihrem Manager. Sie tun ganz einfach ihre Arbeit für den Kunden. Und sie tun sie gut! Außerdem ist ihnen die Balance zwischen Arbeit und Privatleben wichtig, und sie brüsten sich nicht mit den Überstunden, die sie ableisten. Wachstum und Entwicklung sind für sie wichtig, aber nicht um jeden Preis. Da die Gruppe der B-Mitarbeiter sehr groß ist, muss diese Gruppe weiter differenziert werden. Tom deLong (2003) teilt sie in drei Hauptgruppen ein. Die erste nennt er »ehemalige A-Mitarbeiter«. Sie haben den Druck der A-Mitarbeiterrolle hinter sich gelassen, sind aber immer noch sehr produktiv. Ihr Wert liegt darin, dass sie sehr flexibel einsetzbar sind und enorme Kenntnisse, Erfahrung und Weisheit besitzen. Eine zweite große Gruppe innerhalb der B-Mitarbeiter sind die »Ehrlichen«. Sie interessieren sich mehr für ihre Arbeit als für ihre Karriere und finden Ehrlichkeit sehr wichtig. Sie haben den Mut, kritische Fragen zu stellen. Oft werden sie als politisch naiv bezeichnet, weil sie kein Blatt vor den Mund nehmen, egal, welche Folgen das nach sich zieht. Aber gerade durch ihre kritische Einstellung und ihre Ehrlichkeit können sie der Organisation viele Kosten ersparen. Außerdem können sie ihr Wissen und ihre Erfahrung gut mit anderen teilen, weil ihre Kollegen sie nicht als Bedrohung empfinden, sondern sich gerade bei ihnen gut aufgehoben fühlen. Die dritte große Gruppe besteht aus den Mitläufern. Diese B-Mitarbeiter sind vielleicht weniger praktisch veranlagt, haben aber dafür ein ausgezeichnetes Gefühl für die Prozesse und Normen in einer Organisation. Sie werden meistens um Rat gefragt, wie bestimmte Dinge angegangen werden sollten oder wie ein Vorschlag am besten durch den Entscheidungsprozess gelotst werden kann. Ganz anders verhält es sich bei den C-Mitar-

...itern, zu denen 20 Prozent der Mitarbeiter zählen. Welch definiert den C-Mitarbeiter als jemanden, der die Arbeit nicht schafft. Sein Urteil über diese Mitarbeiter ist ganz einfach: Sie müssen das Unternehmen verlassen. Das ist die harte Seite des Lustmanagements, die Intoleranz von schwachen Mitarbeitern. Lustmanagement hat mit Arbeitsfreude zu tun, nicht mit ungezügeltem, unverantwortlichem Fun. Welchs Methode ist stark kritisiert worden. Die ersten Reaktionen sind meistens abweisend, weil man die Methode zu hart findet, oder weil man es für Unsinn hält, dass nach drei Jahren noch immer 20 Prozent »dürres Holz« übrig ist, das unbedingt geschnitten werden muss. Das ist auch sicher nicht ganz falsch. Denn wer sagt, dass C-Mitarbeiter nicht auf einem anderen Platz in der Organisation viel besser zu ihrem Recht kommen? Mehrere Kritiker bemängeln, dass viele Organisationen kaum glauben können, dass sie vielleicht selbst die Ursache für die schlechten Leistungen eines Mitarbeiters sind. Wenn eine Organisation keine Möglichkeiten und Rahmenbedingungen schafft, um Leistungen zu erbringen, kommen Mitarbeiter automatisch weniger zu ihrem Recht. Mit anderen Worten: Eine Organisation muss, wenn sie Werte von ihren Mitarbeitern verlangt, diesen auch Werte in Form von Freiheiten, Chancen, Herausforderungen und Anerkennung bieten. Wenn ein Mitarbeiter kann, aber nicht will, lohnt es sich für eine Organisation nicht, noch weiter in ihn zu investieren. Abbildung 15 zeigt eine Übersicht, in der die A-, B- und C-Mitarbeiter in unterschiedliche Quadranten der Wollen-Können-Matrix eingeteilt werden. Mitarbeiter, die viel wollen und können, sind im Allgemeinen A-Mitarbeiter. Für sie ist sowohl die *Flow*-, als auch die *Fit*- und die *Faith*-Dimension, die wir im zweiten Kapitel besprochen haben, optimal. Mitarbeiter, die nicht wollen, sind meist C-Mitarbeiter. Sie passen nicht in die Kultur (Fit) und empfinden keine Leidenschaft für ihre Aufgaben, den Kunden oder die Organisation (Faith). Zwischen diesen beiden Extrempunkten befinden sich die B-Mitarbeiter.

Beurteilung ist nicht leicht. Vor allem, wenn es nicht nur um Zahlen, sondern um weniger greifbare Dinge geht. Das Feedback und die Werteinschätzung der einzelnen Mitarbeiter müssen darum so allumfassend, respektvoll und sorgfältig wie möglich geschehen. Im zweiten Kapitel haben wir die Faktoren behandelt, die den Wert eines Mitarbeiters bestimmen. Diese sind hervorragend für den Beurteilungsprozess geeignet. Bei der Beurteilung geht es allerdings nicht nur um die unterschiedlichen Wertkriterien, sondern auch um die Art und Weise, wie das Feedback zu-

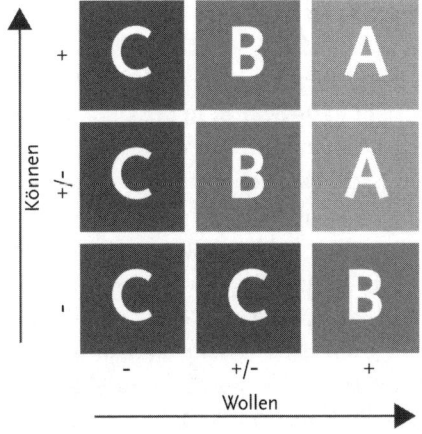

Abbildung 15: Wollen und Können von A-, B- und C-Mitarbeitern

stande kommt. Eine gute Methode hierfür ist die 360°-Feedback-Methode. Ein Mitarbeiter wird dabei aus unterschiedlichen Perspektiven beurteilt: von seinem Chef, von Lieferanten, Kollegen und Mitarbeitern. Im fünften Kapitel behandeln wir diese Methode ausführlicher.

Aber die Beurteilung der Mitarbeiter ist nicht ausreichend. Auch Manager müssen anhand der Werte, die sie ihren Mitarbeitern geboten haben, beurteilt werden. Dabei muss man zum Beispiel an Wachstum, Zufriedenheit und Erfüllung denken. Und auch der Wert aus Sicht der anderen Stakeholder, zum Beispiel Aktionäre und Kunden, muss geschätzt und beurteilt werden. Wenn sich zeigt, dass bestimmte Kunden nicht zur Identität einer Organisation passen, dass die Einstellung eines potenziellen Kunden sich nicht mit der Ausrichtung des Unternehmens verträgt, oder wenn Kunden der Organisation oder den Mitarbeitern negative Werte liefern, muss man auch hier Maßnahmen treffen.

Die Identität steht in Abbildung 12 im Mittelpunkt. Wenn eine klare Identität fehlt und Lustmanagement nicht in der Ausrichtung und der Strategie einer Organisation verankert ist, verschwindet die Antriebskraft einer Lust- und Leistungskultur. Der Kreis kann sich noch ein Weilchen um sich selbst drehen, aber relativ schnell verstärken sich Lust und Leistung nicht mehr gegenseitig.

Ein Beispiel aus der Praxis: InfoPraxis IT

In den vorangegangenen Kapiteln haben wir gezeigt, warum Arbeitsfreude wichtig ist, woraus sie besteht und wie man in der Organisation eine Kultur von Lust und Leistung schaffen kann. Aus dem Erfolg der gezeigten Praxisbeispiele könnte man schließen, dass es relativ einfach ist, eine Kultur von Lust und Leistung zu schaffen. In der Realität erweist es sich allerdings als äußerst schwierig, diese beiden Seiten miteinander in Einklang zu bringen. Das folgende Beispiel zeigt, wie schwer es sein kann, Lust und Leistung gleichzeitig zu managen. Es geht dabei um das deutsche Software-Unternehmen InfoPraxis IT (alle Namen wurden geändert), dessen Vorstand eine Kultur von Lust und Leistung einführen wollte. Durch interne und externe Einflüsse wurde diese Kultur unter Druck gesetzt. Dies zeigt also, wie eine Kultur von Lust und Leistung bedroht werden kann. Wir haben diesen Fall gewählt, um zu zeigen, dass eine bleibende Kultur von Lust und Leistung nicht selbstverständlich ist.

InfoPraxis IT war ursprünglich ein relativ kleines Softwarehaus. Anfang der neunziger Jahre hatte das Unternehmen das Ziel, nicht allzu schnell zu wachsen, da sonst die Servicequalität darunter leiden würde. Ein damaliges Mitglied der Geschäftsführung, Heinrich Scholl, erzählt von seinen persönlichen Erfahrungen bis 2002:

»InfoPraxis IT wollte sich von anderen Softwarehäusern unterscheiden, indem wir tatsächlich das lieferten, was man von einem guten Softwareunternehmen erwarten kann. Der Kern der Strategie bestand darin, dass InfoPraxis IT extrem gute, speziell für Banken angefertigte Software zu einem festen Tarif anbieten und diese pünktlich liefern wollte. In dieser Branche ist das eher die Ausnahme als die Regel. Nur so konnten wir mit Organisationen wie zum Beispiel IBM, Hewlett-Packard und Andersen konkurrieren. Diese arbeiten nämlich meist nach einem Stundentarif. Dadurch hatte der Kunde kaum Kontrolle über die tatsächlichen Kosten für ein Softwareprojekt. Wir selbst arbeiteten mit dem Begriff ›Liefergarantie‹, was mit anderen Worten bedeutet, dass wir zu einer vorher festgestellten Zeit ein vorher definiertes Ergebnis zu einem festen Preis lieferten. Für unsere Kunden war das einzigartig. Aber für unsere

Mitarbeiter hatte das natürlich auch einige Folgen. Gute Teamarbeit war eine unumgängliche Voraussetzung, wenn wir unsere Kunden gut bedienen wollten. Der Grund des Erfolgs von InfoPraxis IT lag daran, dass wir kein Leistungs- oder Karrieremodell der Art *Up or Out* hatten, sondern dass wir dafür sorgten, dass alle am selben Strang und in dieselbe Richtung zogen. Denn wer innerhalb von ein paar Jahren nicht *draußen*, sondern *oben* sein will, kann das nicht nur durch eigene Leistungen schaffen, sondern auch, indem er seine Kollegen schlecht macht. Und wenn man äußerst komplexe Softwareprojekte zum Erfolg bringen will, und das innerhalb des vereinbarten Budgets und der vereinbarten Zeit, braucht man ein Team, das gemeinsame Ziele hat. Wir waren imstande, Teams zu bilden, die solche Spitzenleistungen erbringen konnten. Diese Teams bestanden nicht aus Mitarbeitern und Kollegen, sondern aus Aktionären und Gleichgesinnten. Jeder konnte Aktien von Info-Praxis IT erwerben. Die Mitarbeiter waren enorm engagiert und zudem auch als Shareholder in das Unternehmen einbezogen. Eine Karriere, die einzig und allein auf das Weiterkommen der eigenen Person gerichtet ist, war also kein Antrieb in unserer Firma. Und da die Eigentümer, sprich die Mitarbeiter, von InfoPraxis IT selbst bestimmten, wie sie behandelt werden wollten, entstand wie von selbst eine Wechselwirkung zwischen dem Wunsch nach Arbeitsfreude als Mitarbeiter und dem Wunsch nach Resultaten als Aktionär. Die gemeinsam erreichten Ergebnisse wurden dann geteilt, auch mit den jüngeren Mitarbeitern. Dabei formulierte ein Mitarbeiter am Anfang eines bestimmten Zeitraums gemeinsam mit seinem Vorgesetzten einige Ziele, die sowohl qualitative als auch quantitative Komponenten beinhalteten. Am Ende dieses Zeitraums wurde bei einem Feedback- und Beurteilungsgespräch das Ergebnis analysiert und bei Erfolg ein Bonus ausgezahlt. Außerdem gab es am Jahresende für alle Mitarbeiter eine Gewinnverteilung, und die Aktionäre bekamen zusätzlich eine Dividende. Das ging in Zeiten, in denen der Arbeitsmarkt unter Spannung stand und es nicht genügend qualifizierte Arbeitskräfte gab, sogar so weit, dass neue Mitarbeiter sofort die so genannten ›Employee Welcome Shares‹ bekamen. In einer Computerzeitschrift wurden wir als einer der besten Arbeitgeber in der IT-Branche bezeichnet. Warum die Leute so gerne bei uns arbeiten wollten? Weil wir eine große Familie sind, die Mitarbeiter ein gutes Gehalt bekamen, Anteile kaufen und viel Verantwortung haben wollten. Wir hatten auch einige Grundwerte definiert, bei denen Offenheit, Vertrauen, Integrität, Qualität und Innovationskraft eine wichtige Rolle spielten. Einer dieser Grundwerte lautete zum Beispiel: ›Wir vertrauen uns gegenseitig und behandeln uns menschlich und fair.‹ Wir, die Mitarbeiter und Aktionäre, fühlten uns alle als Eigentümer von InfoPraxis IT und wir konnten bei allen Entscheidungen mitbestimmen. Die ›Happy Family‹, wie wir uns selbst ab und zu nannten, organisierte auch außerhalb der Arbeit noch gemeinsame Aktivitäten, zum Beispiel Motorradtouren, Grillen, Segeln oder Skifahren. Um das Engagement noch zu steigern, gab es ein paar Mal im Jahr Betriebsversammlungen, die *Early Birds* genannt wurden, und natürlich gab es regelmäßig Feiern, wie zum Beispiel an Weihnachten, Geburtstagen oder ein Mittsommerfest. Aber es gab auch eine Kehrseite: Die ganze Organisation hatte keine klare Struktur. Natürlich gab es ein Organigramm und Funktionsbezeichnungen. Aber die tatsächliche Struktur und die Hierarchien im Unternehmen entsprachen nicht diesem Organigramm auf dem Papier. Die Unternehmenskultur war ganz klar wichtiger als die Struktur. Letztere war eigentlich irrelevant. Reorganisationen, um zum Beispiel den Verkauf zu zentralisieren, waren dadurch praktisch unmöglich. In diesem Fall hielt nicht einmal der Vorstand sich noch an die formal verabredeten Verantwortungsbereiche und umging bei Absprachen mit den Verkaufsberatern den zentralen Verkaufsleiter. Für mich war dies eine wichtige Erfahrung: Selbst in einem ›gehorsamen‹ Land wie Deutschland ist die Kultur wichtiger als die Struktur. Trotzdem wurden natürlich auch die Leistungen beachtet. Wir setzten klare quantitative und qualitative Ziele, zum Beispiel einen höheren Umsatz, mehr Gewinn und noch zufriedenere Kunden, und für eher verkaufsorientierte Berater natürlich die Anzahl und Größe der Aufträge, die wir bekamen. Die Leistungen, die wir verlangten, bestanden auch aus qualitativen Zielen, wie der Teilnahme an einer Fortbildung oder dem Verbessern des Gruppenverhaltens. Außerdem bot InfoPraxis IT seinen Mitarbeitern auch wiederholt Schulungen in Verkaufsstrategien, im Projektmanagement und für Fremdsprachen an. Die Kunden waren zufrieden, und InfoPraxis IT hatte einen Namen als hart arbeitendes Unternehmen, das sich wirklich verantwortlich für das Ergebnis fühlte. Die Anzahl der Mitarbeiter stieg innerhalb von vier Jahren von 56 auf 182, der Umsatz und die Gewinne explodierten. Alle waren auf ihre Firma stolz und hatten das Gefühl, etwas zu bewegen. Die Strategie ging hundertprozentig auf, und InfoPraxis IT schaffte es, sich auf dem Softwaremarkt durchzusetzen, indem wir uns einen guten Namen mit pünktlichen Lieferungen, innerhalb des vorgegebenen Budgets und der verabredeten Qualitätsanforderungen, gemacht hatten. 2000 geriet InfoPraxis IT in ›unruhige Gewässer‹ und der Markt zwang uns schneller zu wachsen. In der Zeit des Internethypes wurden IT-Lieferanten kritisch betrachtet. Sie mussten schneller liefern können und vor allem mehr Verantwortung übernehmen. Gemeinsam haben wir neue Pläne entwickelt, um unsere Kunden so gut wie möglich zu bedienen. Dieser Dienst am Kunden wurde durch ein paar Faktoren stimuliert, die wir *Vorbildfunktion* und *Service leisten* genannt haben. Um bei Letzterem anzufangen: Wenn InfoPraxis IT wollte, dass seine Berater sich den Kunden gegenüber serviceorientiert verhielten, musste auch die Firma selbst den Beratern gegenüber bestimme Serviceleistungen erbringen. Wir versuchten also, unsere Berater so gut und so einfach wie möglich ihre Arbeit machen zu lassen. Wir gingen darin ziemlich weit. Die HR-Abteilung wurde in HRS umgetauft: *Human Resources Services*. Der Controller und der Buchhalter gingen auf jeden einzelnen Business-Unit-Manager zu und fragten, welche Managementinformationen sie am besten liefern sollten, damit der Manager die Geschäfte besser leiten konnte. Projektmanager wurden aufgefordert, ihre Berater nicht mehr unter Druck zu setzen, sondern sie zu fragen: »Was kann ich als dein Manager für dich tun, damit du deine Ziele erreichst?« Früher musste jeder selbst die eigenen Reisekosten abrechnen, jetzt überließ man das den Sekretärinnen, die auch Reisen und Hotels für die Mitarbeiter buchten, ihre Soft- und Hardware einkauften, Mietautos bestellten und sogar ihre Hemden zum

Waschsalon brachten. Es wurden sogar Stimmen für einen wöchentlichen Schuhputzservice im Büro laut. Und wir ließen unsere Berater in der ersten Klasse reisen. Dort saßen schließlich auch unsere Kunden. Außerdem bringt ein Berater, der mehr geschätzt wird, seinem Arbeitgeber auch mehr ein. Darum wurden ab jetzt mindestens Viersternehotels gebucht. In einem Opel zu fahren war nicht mehr standesgemäß, und bald war der erste Verkaufsberater mit einem zweisitzigen Mercedes ›bewaffnet‹. Das ging allerdings nicht ohne Widerstand. Denn wenn das Unternehmen auch mir gehört, darf ich mit entscheiden, was für Autos angeschafft werden, so fanden die Mitarbeiter. Und was die Vorbildfunktion angeht: Der Vorstand selber hatte sich zum Ziel gesetzt, mehr Zeit mit den Kunden zu verbringen. Denn wenn wir das von unseren Beratern erwarteten, mussten wir natürlich mit gutem Beispiel vorangehen. Und die Maßnahmen waren erfolgreich. Die ersten Rekorde wurden gebrochen: Das größte Fixed-Price-Projekt kam herein, der Umsatz und die Gewinne stiegen und InfoPraxis IT wurde von neuen Mitarbeitern überschwemmt. Aber diese Arbeitsweise hatte auch Nachteile. Wir hatten uns schnell an den Service gewöhnt. War der Berater am Anfang noch dankbar für die Unterstützung gewesen, die er bei seiner Arbeit beim Kunden vom Unternehmen bekam, kritisierte er jetzt gerade diesen Service. Manchmal kam das, was man ihm versprochen hatte, etwas zu spät, oder er konnte doch nicht das Hotelzimmer bekommen, das er gerne haben wollte. Außerdem hatten die Assistenten viel zu tun, wodurch sie nicht immer direkt zu erreichen waren. ›Rising Expectations‹ nennt man dieses Phänomen. Auch bei der ›Happy Family‹ waren die Familienmitglieder nicht mehr so leicht ›happy‹ zu stimmen. Nachdem die erst so engen Familienbande innerhalb des Unternehmens die ersten Risse bekommen hatten, ging es schnell bergab – zumindest was die Arbeitsfreude anging. Denn auf der finanziellen Seite sah es in dem Moment noch äußerst gut aus. Wir mussten allerdings noch etwas beachten: Auf dem Markt wurden immer größere IT-Projekte verwirklicht. Viele Unternehmen hatten ein riesiges Budget, weil in der Zeit des Internethypes enorm viel in die Eroberung des Marktes mithilfe des Internets investiert wurde. Zu großen

Budgets gehören große Projekte, und zu großen Projekten gehören große Firmen. Wir mussten also größer werden, und eine Fusion mit einem jüngeren Konkurrenten wurde notwendig. Unser Blick fiel auf das Unternehmen Shasta IT GmbH. Dieses war von Studenten gegründet worden, die ihr Studium an den Nagel gehängt hatten, und hatte großen Erfolg im Promoten von Freelance-Programmierern. Eigentlich fand InfoPraxis IT dieses Unternehmen minderwertig: schnelle Verkaufsmethoden, Angestellte, die wie Drogenhändler aussahen, absolut kein Gefühl für Werte und Ansehen – alles Eigenschaften, die ganz und gar nicht zu der Kultur von InfoPraxis IT passten. Der Grund für die Fusion mit diesem Unternehmen lag ganz einfach darin, dass wir schnell wachsen mussten. Unser anfängliches Misstrauen diesem neuen Fusionspartner gegenüber erwies sich bald als berechtigt. Mit einigem Unbehagen sahen die Mitarbeiter von InfoPraxis IT zu, wie der Shasta-IT GmbH-Vorstand von Presto Solutions – wie die neue Firma nach der Fusion hieß – einen Porsche nach dem anderen zu Schrott fuhr und in Sexskandale verwickelt wurde. Gleichzeitig platzte die Seifenblase des Internethypes und Presto Solutions kam in unruhigere Gewässer, während die Zusammengehörigkeit und das Engagement der Mitarbeiter auf den Nullpunkt gesunken waren. Um das Ganze noch schlimmer zu machen, wurde Presto Solutions an die Macready Holding AG verkauft, und das, bevor die kulturelle Integration abgeschlossen war. Alle verloren ihre Anteile an der Firma, und die neuen Besitzer setzten neben dem alten Vorsitzenden von InfoPraxis IT noch einen zweiten Vorsitzenden in den Vorstand von Presto Solutions – ausgerechnet zu einer Zeit, in der ein Mitarbeiter nach dem anderen entlassen wurde, weil es nicht mehr genug Arbeit gab. Das Gefühl von Zusammengehörigkeit blühte noch einmal auf, als die alten Mitarbeiter von InfoPraxis IT mit großen Augen den sündhaft teuren Sportwagen des Vorsitzenden der Macready Holding AG sahen, den er so auf dem Gehweg vor dem Eingang des Firmengebäudes geparkt hatte, dass jeder erst um das Auto herumlaufen musste, das zudem auch die Rettungswege von Feuerwehr und Krankenwagen versperrte. Und daran sollten wir uns ein Beispiel nehmen?«

All dies kann man auf unterschiedliche Art und Weise interpretieren. Es ist nicht schwer, im Aufstieg und Untergang von InfoPraxis IT ein Faust'sches Drama von einem Unternehmen zu sehen, das seine Seele in der Form eines innigen und informellen Familiengefühls dem Teufel des Kommerzes übergab. Eine andere Interpretation wäre die, dass die durch äußere Zwänge verursachten Motivationen in Form von Gehältern, Bonuszahlungen, Gewinnverteilungen, Viersternehotels, Erste-Klasse-Flügen und Festen anscheinend nicht ausreichen, um die Mitarbeiter auf Dauer zufrieden zu stellen. Wie dieser Fall zeigt, führt eine zu große Betonung solcher Motivationsinstrumente zu einem Prozess von »Rising Expectations«. Die Anreize, die die Unternehmensleitung anbieten muss, um die Arbeitsfreude ihrer Mitarbeiter zu garantieren, müssen dann zwangsweise immer besser werden. Es ist deshalb notwendig, sich ständig auf die Balance zwischen intrinsischer und äußerer Motivation zu besinnen. Das bringt uns direkt zum nächsten Punkt: Intrinsische Motivation profitiert von einer gemeinsamen Unternehmensidentität (das »I« aus dem IDEAL-Modell). Diese ist sozusagen der Brunnen, an dem sich individuelles Engagement und Motivation laben können. Wenn er nicht vorhanden ist, wird es schwer, jemanden mit anderen als externen Anreizen in Bewegung zu setzen. Im Fall von InfoPraxis IT waren natürlich bereits Unternehmensziele vorhanden. Vielleicht gab es zu Anfang sogar so etwas wie ein höheres Ziel oder Grundwerte – wir könnten in diesem Zusammenhang auch von einer Vision sprechen. Aber zum Zeitpunkt der Fusion waren diese völlig im Hintergrund verschwunden. Das Einzige, das in diesem Moment noch zählte, waren Wachstum und finanzielle Gewinne. Dies bringt uns zum letzten Punkt, nämlich dem Vorbildverhalten des Managements (»Durchsetzen« aus dem IDEAL-Modell). Das Verhalten des Managements ist für die Verwirklichung einer Kultur von Lust und Leistung sehr wichtig. Und gerade in diesem Punkt kann man bei InfoPraxis IT einige markante Veränderungen beobachten. Dabei denken wir zuallererst an die Veränderung der Unternehmensstruktur, um den Verkauf zu zentralisieren, die der Vorstand ganz bewusst anders als von ihm selbst beschlossen behandelte. Außerdem wurde nicht eingegriffen, als die Verkaufsberater immer kritischer und im wahrsten Sinne des Wortes fordernder gegenüber den HR-Services wurden. Dieses Verhalten war das genaue Gegenteil der Grundwerte und wurde trotzdem toleriert. In der Folge verschwand nach der Fusion die Identifikation mit dem Management beinahe vollständig.

Es kann auch ganz anders gehen als bei InfoPraxis IT, sogar dann, wenn die Organisation beinahe am Boden liegt. Das zeigt das Beispiel des brasilianischen Unternehmens Semco, das wir bereits erwähnt haben.

Lustmanagement in wirtschaftlich schlechteren Zeiten

In Vorlesungen, Präsentationen und Workshops wird uns oft die Frage gestellt, ob Lustmanagement auch in mageren Jahren realistisch sei. Es wird Sie nicht überraschen, dass wir diese Frage bejahend beantworten. Aus den vorangegangenen Kapiteln und der zitierten Literatur ist immerhin hervorgegangen, dass eine Organisation bei ihren Mitarbeitern ansetzen muss, wenn sie langfristigen Gewinn realisieren will. Aber wir gehen noch einen Schritt weiter. Das nächste Beispiel zeigt nämlich, dass gerade eine Wirtschaftskrise ein Grund sein kann, um Lustmanagement einzuführen. Am Anfang dieses Kapitels haben wir das Unternehmen Semco vorgestellt. Zu Beginn der neunziger Jahre kämpfte Brasilien mit einer explodierenden Inflation. Deshalb beschloss die damalige Regierung, die Möglichkeiten, Kredite zu bekommen, einzuschränken. Dies stürzte das Land in eine ernsthafte Wirtschaftskrise, und viele Unternehmen in Brasilien gingen Pleite. Semco überlebte diese Krise. Verschiedene Gruppen von Mitarbeitern wurden vom höheren Management des Unternehmens in den Prozess mit einbezogen, um festzustellen, wie die Kosten drastisch gesenkt werden könnten. Die einzigen Lösungen schienen Entlassungen oder Lohnminderungen zu sein. Eine Mitarbeitergruppe, das »Arbeiterkomitee«, gab an, dass Lohnminderungen nur unter den folgenden Bedingungen akzeptabel seien:

- 40 Prozent Lohnminderung für das Management,
- das Recht, die Ausgaben des Unternehmens zu kontrollieren, um sicherzugehen, dass das Opfer der Mitarbeiter nicht umsonst sein würde,
- eine Erhöhung der Gewinnbeteiligung bis zu 39 Prozent vom Gewinn, bis der heutige Lohn für das Personal wieder gezahlt werden könne.

Hatte, wie wir zu Beginn des Kapitels gesehen haben, zuerst der Freudepfeiler »Freiheit« bei Semco eine wichtige Rolle gespielt, schien nun auf einmal »Offenheit« ein zentraler Punkt zu sein. Ricardo Semler hatte es mit diesen Forderungen nicht leicht, aber er hatte keine Wahl. Durch diese Verhandlungen entstand jedoch eine große Verschiebung in Richtung *Democratic Worker Management*. Mitarbeiter bekamen mehr Verantwortung, es wurden mehr Werte und mehr Freiheiten, um die Ziele zu erreichen, von ihnen gefordert. Gleichzeitig wurden ihnen mehr Werte geboten.

Da die Mitarbeiter bereit waren, unterschiedliche Aufgaben auf sich zu nehmen, von Fließbandarbeit bis zum Fahren von Gabelstaplern, bekamen sie eine bessere Übersicht über die Abläufe im Betrieb. Sie mussten mehr miteinander kommunizieren, bekamen neue Ideen und entwickelten effizientere Arbeitsweisen. In einer Fabrik beschlossen die Mitarbeiter, sich in drei Produktionseinheiten mit etwa 150 Mitarbeitern pro Einheit aufzuteilen. Jede der Einheiten war für den eigenen Arbeitsprozess, inklusive Marketing, Verkauf, Finanzen und Personalmanagement, verantwortlich. Nach einiger Zeit bestimmten die Teams selbst, wer aufgenommen und wer entlassen werden sollte. Sogar die Teammanager wurden nach einer demokratischen Entscheidung angestellt. Inzwischen begann den Managern zu dämmern, welches ihre eigentliche Rolle in der Organisation war: Mitarbeitern die Möglichkeit zu geben, Ziele zu erreichen. In der Terminologie von Lustmanagement: Die Pfeiler »Chancen und Herausforderungen«, kombiniert mit »Freiheit«, führen zu Ergebnissen. Zum großen Erstaunen des Topmanagements überlebte das Unternehmen nicht nur die Krise, sondern die Mitarbeiter übertrafen in dem neuen System ihre kühnsten Erwartungen. Ausgerechnet eine wirtschaftlich schlechte Situation führte zu einem Durchbruch beim mitarbeiterorientierten Management (Killian, Perez und Siehl, 1998). Und es gibt noch mehr Beispiele, die alle unterschiedlich sind, weil jede Situation anders ist. Trotzdem kann man einen roten Faden in den unterschiedlichen Arten entdecken, wie Probleme angegangen werden.

Darum geben wir im Folgenden ein paar Tipps, wie Lustmanagement in wirtschaftlich schlechteren Zeiten eingesetzt werden kann:

- Schnelle und gewissenhafte Offenlegung aller schlechten Nachrichten ist wichtig.
- Eine erneute Betonung der Kundenzufriedenheit. Alle Aufmerksamkeit muss auf den Kunden gelenkt werden.
- Interne Aktivitäten werden an die schlechteren Umstände angepasst.
- Die Grundwerte des Unternehmens werden bestätigt.
- Es findet eine freiwillige Einkommenssenkung bei den älteren Mitarbeitern statt, um jüngeren Mitarbeitern nicht kündigen zu müssen.

Trotz alledem ist es für das Überleben einer Organisation manchmal unumgänglich, von einigen Mitarbeitern Abschied zu nehmen (Kouwenhoven, Geelhoed und Husson, 2003). In einem solchen Fall geht es vor allem darum, wie eine Organisation die Entlassungen angeht. Auch hierfür kann Lustmanagement nützlich sein. Wir wollen dabei zwei Pfeiler hervorheben, die Offenheit und die Feiermomente. Zuallererst die Offenheit: Wenn das Management die gesamte Organisation regelmäßig über die Resultate des Unternehmens informiert, fühlen die Mitarbeiter sich mit dem Auf und Ab der Organisation verbunden. Notwendige Änderungen kommen dann weniger aus heiterem Himmel und sind für alle verständlicher. Einen zweiten Pfeiler bilden die »Feiermomente«: Eine negative Phase kann auf eine positive Art und Weise abgeschlossen werden.

Bei einer unabwendbaren Schließung einer Geschäftsfiliale wird zusammen mit den Mitarbeitern, Stammkunden und der Nachbarschaft ein Abschiedsfest gefeiert. Enttäuschungen können mit anderen geteilt werden, dadurch wächst die gegenseitige Anteilnahme. Die Menschen behalten ein »gutes« Gefühl in Erinnerung. Letzteres erleben wir in unserer Beratungspraxis in letzter Zeit häufig: Auf der einen Seite stehen Sanierungen und Gesundschrumpfen, auf der anderen Seite eine neue Achtung vor dem Wohlbefinden der Mitarbeiter. Der Druck, der auf die übrig gebliebenen Mitarbeiter ausgeübt wird, ist schließlich nicht gering. Weniger Menschen müssen dieselbe oder sogar mehr Arbeit bewältigen. Gerade für diese Mitarbeiter sind Bestätigung und Anerkennung, *Lustmanagement*, essenziell.

Rückschau und Vorausblick

Wie wir gesehen haben, geht es bei Lustmanagement darum, die Freudepfeiler für die Mitarbeiter einer Organisation zu managen. Das kann in unterschiedlichen Abstufungen geschehen: auf der kosmetischen Stufe, in Form von Ausflügen, Festen oder einer Bar, aber auch auf der organisatorischen Stufe, wobei die Organisation ihren Mitarbeitern bewusst Werte bietet, damit die Mitarbeiter umgekehrt auch der Organisation Werte liefern. Die dritte Stufe betrifft die persönliche Ebene, wobei die Mitarbeiter bei der Verwirklichung ihrer Berufsziele und ihrer Träume individuell begleitet und unterstützt werden. Um in einer Organisation eine Kultur von Lust und Leistung zu schaffen, haben wir mithilfe des IDEAL-Modells gezeigt, wie Lustmanagement in einer Organisation konkret Form annehmen kann. Das »I« steht für Identität, und hierbei muss deutlich werden, was die Organisation ihrem Umfeld im weitesten Sinne, und vor allem ihren Kunden, Mitarbeitern, Aktionären und der Gesellschaft eigentlich zu bieten hat. Das »L« von »Lenkung« setzt diese Identität in konkrete Zielsetzungen um. Das »E« von Erleben lässt uns wissen, sehen, hören und fühlen, wie es um die Organisation steht, was die Mitarbeiter darin finden, und wie die Kunden den Service erfahren. Durch das »D« von »Durchsetzen« finden auch tatsächlich Veränderungen statt. Zum Schluss werden beim »A« von »Abschätzung« die Ergebnisse und Erfahrungen hinsichtlich der Organisation als Ganzes, der Kunden und der Mitarbeiter betrachtet. Das IDEAL-Modell bietet einen Rahmen, um die Konkretisierung der Freudepfeiler in einer Organisation zu erleichtern. Das Beispiel InfoPraxis IT zeigt, dass es nicht immer leicht ist, eine Kultur von Lust und Leistung zu wahren. Das Beispiel der Firma Semco, in der die Mitarbeiter mehr Offenheit, Verantwortung und Befugnisse bekamen, als es der brasilianischen Wirtschaft und dem Unternehmen selbst schlecht ging, zeigt, dass Lustmanagement auch und vielleicht gerade in mageren Jahren sinnvoll ist. Das Unternehmen konnte sich mit Hilfe der Mitarbeiter retten, und die Mitarbeiter übertrafen dabei sogar die Erwartungen des Topmanagements. Dadurch wurde der Weg für ein mitarbeiterorientiertes Management geebnet.

Trotzdem können wir uns vorstellen, dass einige Manager noch genauer wissen wollen, was sie tun können, um Lustmanagement zu konkretisieren. Im nächsten Kapitel werden wir deshalb unterschiedliche Instrumente näher beleuchten, die wir selber täglich anwenden. Die Fragen, die dabei immer gestellt werden müssen, lauten: Wie tragen die Instrumente zum Lustmanagement bei? Und, noch wichtiger: Welchen Beitrag liefern sie zu den Zielsetzungen der Organisation?

Stellen Sie sich die folgenden Fragen

1) Beschäftige ich mich bewusst damit, einerseits Ergebnisse zu verlangen und andererseits Arbeitsfreude zu bieten? Ist das Verhältnis zwischen Lust und Leistung dabei in der Balance?

2) Auf welche Stufe von Lustmanagement habe ich mich bis jetzt hauptsächlich konzentriert: die kosmetische, die organisatorische und/oder die persönliche? Auf welche Stufe(n) sollte ich mich am besten konzentrieren?

3) Spielen die Identität und die Grundwerte bei der Auswahl neuer Mitarbeiter eine Rolle? Welche Rolle spielen sie im Alltag des Betriebs?

4) Welche Rolle spielen Personalthemen bei der Unternehmensführung meiner Organisation? Geht es dabei um den Wert von oder für Mitarbeiter? Oder um beide? Kann ich herausfinden oder messen, was beide bringen und welche Auswirkungen sie füreinander haben?

5) Werden die Identität, die Ausrichtung und die Zielsetzungen der Organisation von unseren Mitarbeitern gelebt? Wenn dies nicht der Fall ist: Wie kann ich das doch verwirklichen? Welche Rolle können Offenheit und »Feiermomente« hierbei spielen?

6) Werden die Verbesserungsprojekte, die wir initiieren, auch tatsächlich durchgezogen? Erfüllen wir als Management unsere Versprechen und Zusagen an die Mitarbeiter? Bin ich ein Vorbild für meine Mitarbeiter, und halte ich mich selbst an das, was ich von ihnen verlange?

7) Welche Parteien in der Organisation werden beurteilt? Zum Beispiel auch Kunden und Aktionäre? Welche Kriterien müssen wir dabei beachten?

8) Wie kann ich Lustmanagement in meine Organisation einbetten, und wie kann ich das IDEAL-Modell (Identität, Lenkung, Erleben, Durchsetzen, Abschätzen) dabei anwenden?

5
Das Instrumentarium für Lustmanagement

*»Der Personalmanager beschäftigt sich
mit verschiedensten Aktivitäten wie zum
Beispiel Kompetenzmanagement,
Arbeitsfähigkeit (Employability),
persönlichen Entwicklungsplänen,
Entlohnungen, Beurteilungen,
Anwerbung und Training. Im Tagesgeschäft fehlen allerdings die Ver-
bindungen zwischen all diesen einzelnen
Aktivitäten. Erst wenn man hierfür
seinen Blick geschärft hat, entsteht ein
rundes Bild. Das heißt, dass alles, was
man tut, auf ein Ziel gerichtet ist.«*

Jeff Gasperz, Dozent für Personalmanagement an der Universität Nijenrode

*»Versuchen Sie, im Beurteilungsgespräch
herauszufinden, was Ihren Mitarbeitern
Spaß macht und was nicht.«*

Timothy Butler

Es lohnt sich erst dann, über die Werkzeuge zu sprechen, wenn man weiß, was
man »bauen« will. Deshalb behandeln wir erst jetzt die Hilfsmittel oder Instrumente. Im vorangegangenen Kapitel sind wir auf das Ziel von Lustmanagement eingegangen: die Einbettung von Lustmanagement in die Unternehmenskultur. Dabei sind wir uns sehr wohl darüber im Klaren, dass es viele Wege gibt, die zu diesem Ziel führen. Trotzdem können wir nicht darauf verzichten, ein paar praktische Ideen und Hilfsmittel vorzustellen, die zum
Lustmanagement beitragen können.

Die Ideen, die wir in diesem Kapitel nennen, sind alles andere als neu. Viele Organisationen arbeiten bereits damit. Es geht uns darum, dass die unterschiedlichen Instrumente in einem größeren Gefüge funktionieren und dass
sie den Alltag in einem Betrieb prägen. Die Kraft und der Erfolg hängen dabei

Lust & Leistung, Salem Samhoud, Hans van der Loo, Jeroen Geelhoed
Copyright © 2005 WILEY-VCH Verlag GmbH & Co. KGaA, Weinheim
ISBN: 3-527-50138-X

zu einem Großteil von der Abstimmung der einzelnen Instrumente und ihrem Beitrag zu den Zielsetzungen der Organisation ab. Die Gefahr, dass sich die gesamte Aufmerksamkeit auf die Instrumente, Methoden und Systematiken richtet, ohne dass der Zusammenhang und die erbrachten Werte beachtet werden, ist groß, wie Peter Senge in seinem Buch *The Fifth Discipline* (1992) aufgezeigt hat. Vor dieser Gefahr wollen wir ebenfalls warnen, denn ohne Einbettung in die Unternehmensstrategie, wie wir sie im vorangegangenen Kapitel beschrieben haben, und ohne Management, das sich den Prinzipien von Lustmanagement verpflichtet hat und selbst mit gutem Beispiel vorangeht, wird Lustmanagement nicht zu den gewünschten Ergebnissen führen.

Zu den Instrumenten, die im Zusammenhang mit der Arbeitsfreude stehen, zählen nicht nur die Instrumente des Personalmanagements. Auch Instrumente des Marketings beeinflussen die Kultur von Lust und Leistung in einer Organisation. Unserer Ansicht nach gehören deshalb Methoden aus dem Marketing und dem Personalmanagement zusammen, sie müssen aufeinander abgestimmt sein und können sich gegenseitig verstärken. Diese Ansicht stützen wir auf die bereits genannte Value Profit Chain, in der der Zusammenhang zwischen Kundenwert, Mitarbeiterwert und finanziellem Wert festgestellt wird. In diesem Zusammenhang betrachten wir einige Instrumente, die hierzu einen Beitrag leisten können und die wir deshalb als wichtig erachten. Einige zentrale Instrumente haben wir übrigens im vierten Kapitel bereits genannt: die Balanced Scorecard und die Entwicklung eines Leitbilds. Den Wert der Instrumente, die in diesem Kapitel vorgestellt werden, haben wir selbst in unserer Beratungspraxis erfahren. Die unterschiedlichen Instrumente sind den Bestandteilen des IDEAL-Modells, so wie dieses im vorangegangenen Kapitel besprochen wurde, zugeordnet. Mitarbeiterzufriedenheit liefert zum Beispiel einen Beitrag zum »L« von »Lenkung«, eine Kundenarena hat mit dem »E« von »Erleben« zu tun. Bei der Vorstellung der einzelnen Instrumente geben wir zusätzlich auch an, welchen Beitrag sie zu den Freudepfeilern liefern.

Ideal-Modell	Instrument
Identität	Entwicklung eines Leitbildes (vgl. Kapitel 4)
Lenkung	Balanced Scorecard (vgl. Kapitel 4), Studie über die Mitarbeiterzufriedenheit
Erleben	Arena
Durchsetzen	Partizipationsstrukturen, persönlicher Entwicklungsplan, MBTI, Coaching
Abschätzung	Anwerbung und Auswahl von neuen Mitarbeitern durch die Stakeholder, 360°-Feedback

Abbildung 16: Instrumente für Lustmanagement

Lenkung: Studie über die Mitarbeiterzufriedenheit

Mit der bereits genannten Balanced Scorecard werden Kunden, Finanz- und Mitarbeiterziele definiert. Einer der Leistungsindikatoren kann beispielsweise die Zufriedenheit der Mitarbeiter sein. Wenn ein solcher Leistungsindikator festgestellt wird, muss er auch gemessen werden.

Eine nahe liegende Methode, um herauszufinden, inwieweit die Mitarbeiter Freude an ihrer Arbeit erfahren, besteht darin, sie einfach zu fragen. Das kann man auf unterschiedliche Weise tun: während einer Besprechung oder eines Gesprächs mit dem Mitarbeiter unter vier Augen oder ganz einfach in der Teeküche. Es geht aber auch ausführlicher, durch schriftliche Umfragen oder eine Online-Studie. In den letzten Jahren wurden immer mehr Studien über die Zufriedenheit der Mitarbeiter durchgeführt.[1] Viele Betriebe sehen ein, dass es notwendig ist, die Zufriedenheit ihrer Mitarbeiter zu messen. Eine solche Studie hat Vor- und Nachteile. Ein Vorteil ist, dass Zufriedenheit und Arbeitsfreude messbar werden. Somit können die Ergebnisse einer Organisation mit denen ähnlicher Unternehmen oder mit den eigenen Ergebnissen vorangegangener Jahre verglichen werden. Diese Messbarkeit ist gleichzeitig ein Nachteil, denn man kann nicht einfach alles in Zahlen ausdrücken. Hinter den Zahlen stecken Entwicklungen, die man bei der Interpretation der Ergebnisse beachten muss.

Bei der Erstellung der Studien über die Arbeitsfreude sind wir auf einige Aspekte gestoßen, die dafür sorgen, dass diese Untersuchungen tatsächlich zu Arbeitsfreude und Ergebnissen führen. Als Erstes geht es darum, dass wirklich untersucht wird, was die Mitarbeiter hinsichtlich Arbeitsfreude wichtig finden. Die unterschiedlichen Freudepfeiler, die wir in Kapitel 3 vorgestellt haben, bieten einen praktischen Rahmen, um herauszufinden, in welcher Richtung man suchen muss. Es wäre schade, wenn in einer Studie nur Fragen zu Themen gestellt würden, die das Management wichtig findet. Fragen über Themen, die im Alltag der Mitarbeiter eine Rolle spielen, führen nämlich dazu, dass die Mitarbeiter sich mit diesen Fragen identifizieren. Und das ist bei der Durchführung einer Mitarbeiterumfrage ganz zentral. Darum kann es auch wünschenswert sein, pro Abteilung unterschiedliche Versionen der Fragebögen auszuteilen. So bringt die Umfrage jeder Abteilung ein maximales Ergebnis.

Die Mitarbeit an einer Studie führt bei den Mitarbeitern zu der Erwartung, dass aus den Ergebnissen Maßnahmen abgeleitet werden. Wir ha-

1) www.betterbeyourself.de

ben beobachtet, dass die Geschwindigkeit, mit der die Studie verarbeitet und die Ergebnisse zugänglich gemacht werden, einen enormen Effekt auf die Tatkraft bei der Anwendung hat. Bei Organisationen, die sich in Krisen befanden, haben wir über das Internet Befragungen durchgeführt. Dabei haben wir morgens den Fragebogen ausfüllen lassen und nachmittags die Ergebnisse in den unterschiedlichen Arbeitsbesprechungen analysiert. Durch diese Schnelligkeit wurde viel Energie freigesetzt, und man konnte sofort konkrete Maßnahmen einleiten. Da die Ergebnisse bei den verschiedenen Arbeitsbesprechungen analysiert und nicht zuerst dem Vorstand vorgelegt wurden, gingen keine Informationen verloren. Aber was noch wichtiger ist: Die Teammanager bekamen direktes Feedback und konnten einen Blick auf die Welt hinter den Zahlen werfen. Dadurch konnten sie innerhalb ihres eigenen Aktionsradius rechtzeitig etwas unternehmen. Außerdem hatten die Mitarbeiter sofort Klarheit über die Ergebnisse und Maßnahmen. Sie konnten auch über eventuelle Verbesserungen nachdenken. Schnelle Berichterstattung auf Abteilungsebene – zumindest wenn diese groß genug ist, um die Anonymität der Befragten zu garantieren – ist darum unentbehrlich. Das Management-Team bekommt zu einem späteren Zeitpunkt die umfassenden Ergebnisse, die anschließend in das Managementinformationssystem, oder Balanced Scorecard, aufgenommen werden können. Dies ist eine ganz andere Sichtweise auf Mitarbeiterstudien. Aber sie ist notwendig, um mit einer solchen Studie Ergebnisse zu erreichen. Die größte Gefahr besteht nämlich darin, dass eine Studie mit einem ausführlichen, umfangreichen und komplizierten Untersuchungsergebnis durchgeführt wird, das dem Vorstand präsentiert wird und dann in einer Schublade verschwindet. Dies muss auf alle Fälle vermieden werden.

Die Beiträge der Studien über die Mitarbeiterzufriedenheit zu den Freudepfeilern:

- *Diagnose*: Die Auswertung der Ergebnisse zeigt, wo sich die Stärken und Schwächen einer Organisation befinden. Man sieht, was los ist. Gibt es genügend Herausforderungen und Offenheit? Stimmt die Balance zwischen Arbeit und Privatleben?
- *Den Freudepfeilern Prioritäten zuordnen*: Da man weiß, wo sich im Unternehmen die Stärken und Schwächen befinden, kann man

auch feststellen, was Priorität hat, das heißt, welche Freudepfeiler zuerst zu bearbeiten sind. Wenn die Arbeitsumgebung zum Beispiel das einzige Problemfeld ist, muss man als Unternehmen zur Lösung dieses Problems kein umfangreiches Projekt ins Leben rufen.

- *Offenheit*: Indem man die Mitarbeiter nach ihrer Zufriedenheit fragt, wird für Offenheit gesorgt. Das gilt vor allem, wenn sich Manager und Mitarbeiter gemeinsam besprechen.

Erleben: Die Arena

In diesem Buch wird ein Zusammenhang zwischen Arbeitsfreude, Kundenzufriedenheit, Ergebnissen und Umsatz aufgezeigt. Im dritten Kapitel haben wir gesehen, dass »Kunden«, vor allem bei Mitarbeitern, die im Verkauf und Kundenservice arbeiten, die Arbeitsfreude beeinflussen. Sie sind es schließlich, für die man sich als Mitarbeiter einsetzt, und darum sind sie für die Sinngebungsdimension der Arbeit wichtig. Darum sollte auch die Personalabteilung, vor allem in wirtschaftlich schlechteren Zeiten, mit der Marketingabteilung zusammenarbeiten. Gemeinsam kann man dann überlegen, was Mitarbeiter tun müssten, um ihre Kunden besser zu bedienen. Dafür müssen die Mitarbeiter allerdings wissen, wer die Kunden sind, wie sie den Service erfahren, ob sie mit diesem zufrieden sind und welche Erwartungen sie an den Betrieb stellen.

Hier hat sich eine Kundenarena als nützlich erwiesen. Bei einer Kundenarena lädt man den Kunden ein und stellt ihn, wörtlich und im übertragenen Sinne, in den Mittelpunkt. Sie ist ein Dialog zwischen Kunden und Mitarbeitern, wobei Kunden ihre Erfahrungen, Wünsche, Erwartungen und Beschwerden mitteilen. Dies findet unter der Leitung eines unabhängigen Moderators statt. Die Mitarbeiter erfahren, wie der Kunde einen bestimmten Service erlebt und wie er diesen bewertet. Sie bekommen direktes Feedback über ihre Servicequalität. Der Begriff »Kundenarena« ist von ihrer besonderen Kulisse abgeleitet, die die Form einer Arena hat (vgl. Abbildung 17). Diese besteht aus einem inneren und einem äußeren Kreis. Im inneren Kreis sitzen die Kunden. Im äußeren Kreis sitzen die Mitarbeiter der Organisation. Für sie ist die Kundenarena ein ganz besonderes Zusammentreffen mit den Kunden, ein Zusammentreffen, bei dem sie direktes Feedback von den Kunden beziehen, das ihnen in einer normalen Arbeitssituation nie zu Ohren gekommen wäre. Dadurch kommen Kunden und Mitarbeiter sich näher. Das ist vor allem bei den Mitarbeitern der Fall, die in ihrer täglichen Arbeit eher wenig Kundenkontakt haben.

Abbildung 17: Kundenarena

Eine Kundenarena besteht aus drei Runden. In der ersten Runde kommt nur der Kunde unter der Leitung des Moderators zu Wort. Dieser spricht mit den anwesenden Kunden über das Serviceverhalten der Organisation. Dabei werden Fragen gestellt wie: Wie erleben Sie den Service und die Dienstleistung der Organisation? Welches Image hat die Organisation? Schätzen Sie die Mitarbeiter als serviceorientiert ein? Welche Erfahrungen haben Sie mit Konkurrenzunternehmen gemacht? Die Mitarbeiter haben erst in der zweiten Runde die Gelegenheit, Fragen zu stellen. Dabei entsteht oft eine Diskussion über die gegenseitigen Erwartungen und die Ursachen für guten oder schlechten Service. Dadurch entsteht eine Verbundenheit zwischen Kunden und Mitarbeitern, aber es zeigt den Mitarbeitern auch, wofür sie eigentlich arbeiten und welchen Beitrag sie liefern können, um den Service zu verbessern. So werden Verbesserungsvorschläge erstellt und Verantwortlichkeiten zugewiesen.

Außerdem wird den Mitarbeitern noch einmal bewusst gemacht, dass es »der Kunde ist, für den sie alles tun«. In der dritten Runde evaluieren die Mitarbeiter die Kundenarena und zeigen auf, welchen Beitrag sie persönlich liefern können, um den Service zu verbessern. Aus diesen Erkenntnissen werden im Anschluss an die Kundenarena Verbesserungsaktivitäten definiert und deren Verantwortungsträger angewiesen.

Eine Kundenarena kann eine enorme Wirkung haben. Sie kann Manager und Mitarbeiter aus ihrer Selbstzufriedenheit wachrütteln. Dies hat auch die Versicherungsgesellschaft Panta AG (der Name ist übrigens geändert) festgestellt. Sie organisierte eine Vermittlerarena, die zu großen Veränderungen innerhalb der Organisation geführt hat. Vermittler sind sowohl freie Versicherungsvertreter von Panta-Versicherungen als auch Verkäufer, die direkt bei Panta angestellt sind. In dieser Arena bekamen die Vermittler die Möglichkeit, sich über Panta und vor allem über den Innendienst zu äußern. Um so viele Mitarbeiter wie möglich am Feedback der Vermittler teilhaben zu lassen, wurde die Arena gefilmt. Die Vermittler gaben an, dass Panta gute Produkte und eine gute Mannschaft von Mitarbeitern besitze, aber trotzdem hagelte es Kritik, wie zum Beispiel »Es kann doch nicht wahr sein, dass das Telefon erst 20-mal klingelt, bevor jemand drangeht« und »Wenn das so weitergeht, geht es mit Panta schlecht aus.« Es ging sogar noch weiter: »Es scheint, als ob ihr absolut keinen Spaß an der Arbeit habt. Lebt ihr eigentlich noch?« Außerdem erzählte ein Vermittler: »Einer meiner Kunden ist schon seit zwanzig Jahren bei euch versichert. Letztens habe ich Panta angerufen, weil mein Kunde einen Autoschaden hatte. Und euch fiel nichts Besseres ein als ›Aber der Kunde ist gar nicht bei uns versichert! Er steht nicht in unserem System.‹ Das kann doch nicht wahr sein!« Der Vorstand von Panta war bei der Vermittlerarena zwar nicht anwesend, aber innerhalb weniger Stunden waren die Aussagen der Vermittler über die Buschtrommeln auch dort bekannt. Der Vorstand verlangte sofort das unbearbeitete Filmmaterial und schaute sich die ungekürzte Version an. Anschließend haben die Vorstandsmitglieder offen mit ihren Mitarbeitern über die Ergebnisse der Arena und auch über mögliche Lösungen gesprochen. In kurzer Zeit wurden 73 konkrete Verbesserungsvorschläge, alleine aufgrund der Bemerkungen aus der Vermittlerarena, formuliert. Dabei wurden die Mitarbeiter des Innendienstes mit den Beschwerden der Vermittler nicht alleine gelassen. Die Organisation war wach gerüttelt worden.

Der Gedanke, der einer Kundenarena zugrunde liegt, ist natürlich nicht nur für Kunden geeignet. Dasselbe Prinzip kann auch auf die Mitarbeiter in Form einer Mitarbeiterarena angewendet werden. Die Mitarbeiter sitzen dann im inneren Kreis und die Manager und die Personalabteilung im äußeren. Eine Mitarbeiterarena kann zum Beispiel eine gute Möglichkeit sein, um die Resultate einer Studie über die Mitarbeiterzufriedenheit zu besprechen.

Die Beiträge einer Kundenarena zu den Freudepfeilern:

- *Offenheit*: Da das gesamte Serviceverhalten einer Organisation im Beisein von Management, Mitarbeitern und Kunden besprochen wird, wird Offenheit innerhalb der Organisation herbeigeführt. Jeder weiß, woran er ist.
- *Bestätigung und Anerkennung*: Die Mitarbeiter bekommen ein direktes Feedback über ihre guten und weniger guten Leistungen. Für Mitarbeiter, die im Beisein aller ein Kompliment von einem Kunden bekommen, ist das eine enorme Bestätigung. Die Kundenarena zeigt ganz klar, welches Verhalten belohnt wird und welches nicht. Kunden bringen deutlich zum Ausdruck, welches Verhalten und welche Einstellung von Mitarbeitern sie schätzen – oder eben nicht.

Durchsetzen: Voraussetzungen für Mitarbeiterbeteiligung und Mitbestimmungsrecht schaffen

Die Maßnahmen zur Schaffung von Mitarbeiterbeteiligung und Mitbestimmungsrecht können tiefgreifender als alle oben besprochenen sein. Es geht hier nämlich darum, dass Strukturen geschaffen werden, durch die Mitarbeiter Einfluss ausüben, Verantwortung übernehmen und Engagement zeigen können. Manville und Ober (2003) haben zum Beispiel eine Grenze für Mitarbeiterdemokratie überschritten, damit Mitarbeiter sich selbst als Eigentümer, Mitglieder oder Bürger einer Organisation sehen und auch dementsprechend handeln.

Es gibt verschiedene Möglichkeiten, um mehr Demokratie in der Unternehmensführung einzuführen. Man kann sich zum Beispiel eine Art »Schattenmanagement« schaffen, bei dem Mitarbeiter, die keine Führungskräfte sind, die Entscheidungen des Managements prüfen. Man kann auch bei Besprechungen des Managements zwei Stühle für Mitarbeiter freihalten, die jederzeit freiwillig an diesen Besprechungen teilnehmen dürfen, um zu sehen, was sich abspielt, was entschieden wird und auch, um mitzudiskutieren. Eine dritte Möglichkeit besteht darin, dass eine Gruppe von Managern und Mitarbeitern zusammengestellt wird, die die Strategie des Unternehmens in die Praxis umsetzen und so ein tragendes Netz bilden. Noch eine weitere Möglichkeit ist, eine rotierende Leitung einzuführen, wobei jedes Teammitglied oder jeder Mitarbeiter einer Abteilung eine Zeitlang die Leitung übernimmt.

Aber es gibt auch noch weitreichendere Strategien, um Strukturen ins Leben zu rufen, die Mitarbeitern Mitentscheidungsrechte gewährleisten. Ein Beispiel einer Organisation, die der Mitarbeiterbeteiligung eine rechtliche Form gegeben hat, ist Breman[2], ein Konglomerat von etwa 32 Betrieben. Diese Betriebe mit insgesamt etwa 1 200 Arbeitnehmern sind in unterschiedlichen Branchen, wie Heizung, Sanitär und Dachdecker, tätig. Schon lange bevor viele Betriebe behaupteten, dass ihr Personal ihr wichtigstes Kapital sei, hat Breman diesen Gedanken verwirklicht, wie wir auf der Internetseite lesen können. Reind Breman hat 1971 das »Bremansystem« entwickelt. Der Gedanke, der diesem System zugrunde liegt, ist, dass jeder das gleiche Mitbestimmungsrecht hat, unabhängig von der Art seiner finanziellen Verbundenheit mit dem Konglomerat. Die Aktionäre haben ihr einseitiges Verfügungsrecht über das Kapital aufgegeben. Sie und die Mitarbeiter haben dadurch die gleichen Verfügungsrechte. Durch diese Zusammenarbeit von Kapital und Arbeit versucht man, den Mitarbeitern auf lange Sicht einen attraktiven Arbeitsplatz zu bieten. Die wichtigen Entscheidungen, die den gesamten Konzern angehen, werden von einem Dachverband getroffen, der »Brebank«, die aus drei Direktoren besteht: Der erste wird von den Aktionären ernannt, der zweite von den Arbeitnehmern und der dritte wiederum von den beiden ersten Direktoren.[3] So veranschaulicht Breman den Werteaustausch zwischen Arbeitgeber und Arbeitnehmer. In einem Interview sagte Reind Breman, dass in diesem System nicht nur Umsatz, sondern auch persönlich Entfaltung, ein Auffangnetz für Schwächere und geteilte Verantwortung eine Rolle spielen. Der wirkliche Wert eines Betriebs – die Men-

---

2) Auf www.breman.nl und www.breman.de finden Sie noch mehr Informationen zum »Bremansystem«.

3) Wenn Breman die Philosophie der Service Profit Chain ganz konsequent durchgeführt hätte, wäre der dritte Direktor ein »Kundendirektor«, den die Kunden von Breman ernannt hätten.

schen, die dort arbeiten, und ihr persönliches Glück – sind ihm ganz wichtig. Der Gewinn wird nicht an die Aktionäre ausgezahlt, sondern kommt in ein Sparschwein. Aus diesem können die Tochterunternehmen schöpfen, um zum Beispiel Investitionen zu tätigen oder einen neuen Betrieb zu gründen. Wer heute einen eigenen Betrieb gründen möchte, steht vor fast unüberbrückbaren Hindernissen. »Es werden kaum neue Betriebe gegründet. Ja, Damen und Herren mit Aktentasche, die ein Beratungsbüro gründen. Aber das nenne ich keinen Betrieb, mit Eigenkapital und Fuhrpark und so weiter. Dafür ist man schnell ein paar Millionen los. Und das kann sich heutzutage praktisch niemand mehr leisten«, so Reind Breman (Smilde, 2001). Für Breman-Mitarbeiter mit guten Ideen ist es mithilfe dieses Sparschweins möglich, ohne einen Schuldenberg einen neuen Betrieb aufzubauen. Natürlich müssen sowohl das Personal als auch die Aktionäre erst ihre Zustimmung gegeben haben, bevor jemand dieses Geld beanspruchen kann.

Es gibt also unterschiedliche Möglichkeiten, mit denen man Interaktion und Partizipation von Mitarbeitern erreichen kann. Manager brauchen Mut, um Verantwortung und Entscheidungen an die Mitarbeiter zu delegieren. Aber wenn es erst einmal in die richtigen Bahnen gelenkt ist, nämlich die von Lust und Leistung, entsteht eine große Tragfläche für Veränderungen in die richtige Richtung. Das zeigt zum Beispiel ein Teamleiter, der gegenüber dem Management auf großes Misstrauen stieß. Er lud alle einflussreichen Mitarbeiter innerhalb seiner Gruppe einzeln ein, um zusammen mit ihnen die Unternehmensführungsstrategie zu verbessern. Die Rahmenbedingungen waren deutlich: mitdenken, ehrlich sein, Freude an der Arbeit, Fokus auf den Kunden. Dies hatte zur Folge, dass das Team nach ein paar Wochen nur noch von »unserem Plan« sprach, statt zu sagen »das Management will mal wieder ...«.

Die Beiträge von
Mitarbeiterbeteiligungsstrukturen zu den Freudepfeilern

- *Offenheit*: Dadurch, dass die Mitarbeiter in Managemententscheidungen und deren Umsetzung einbezogen werden, wird Offenheit erreicht. Die Mitarbeiter wissen, was sich auf der Managementebene abspielt, und die Manager wissen, was ihre Mitarbeiter beschäftigt. Das schafft Verständnis und Einsicht auf beiden Seiten, und die Tragfähigkeit der Organisation nimmt zu.

- *Chancen und Herausforderungen*: Wenn Mitarbeiter die Möglichkeit bekommen mitzudenken und ihre Köpfe »aus dem Sand« ziehen dürfen, werden Chancen und Herausforderungen geschaffen. Dadurch wird ein großes Potenzial an Arbeitsfreude und Ergebnissen freigesetzt.

Persönlicher Entwicklungsplan (PEP)

Ein persönlicher Entwicklungsplan (PEP) ist ein Instrument, durch das die persönliche Entwicklung von Mitarbeitern verwirklicht wird. Er bietet Richtlinien beim Beantworten von Fragen wie: »Was wollen Sie erreichen?«, »Wann sind Sie zufrieden?« Die Antworten auf diese Fragen lässt die Organisation den Weg erkennen, den der Mitarbeiter in Zukunft gehen will. Wie viele Mitarbeiter bieten bisher ungenutztes Potenzial? Wie oft kommt es vor, dass ein Mitarbeiter, der in seinem Betrieb als jemand mit wenigen Möglichkeiten angesehen wird, sich als angesehener Vorsitzender eines großen Sportvereins herausstellt? Wie kommt es zu so einer Diskrepanz? Es kann sein, dass der betroffene Mitarbeiter sich selbst in seiner derzeitigen Rolle im Betrieb am wohlsten fühlt? Aber viel häufiger ist es so, dass die Mitarbeiter als Menschen zu wenig nach ihrem Potenzial, ihren Ideen, Leidenschaften und Träumen gefragt werden. Wenn Mitarbeiter ihre Träume und Ideale ausformulieren, kann die Organisation sich bewusst auf deren Entwicklung richten. Es ist dann bekannt, was sie wollen und was ihnen wichtig ist. Auf der anderen Seite zeigt ein PEP auch, wie wertvoll ein Mitarbeiter für die Firma ist und ob er jetzt oder zukünftig zum Erreichen der Unternehmensziele beiträgt. Außerdem lässt er uns erkennen, in welchem Maße die erforderlichen Voraussetzungen für die Organisation noch entwickelt werden müssen. Dadurch, dass die Ziele der Organisation und die Ziele und Träume der Mitarbeiter festgehalten werden, entsteht eine offene Diskussion darüber, wie die Organisation und die Mitarbeiter sich gegenseitig beim Wachstum und der Entwicklung beeinflussen können. So entsteht für Mitarbeiter und Unternehmen ein Weg von bewussten Entscheidungen, Lernen und Entwickeln.

Der persönliche Entwicklungsplan hat kein festgelegtes Format, aber die folgenden Themen müssen auf jeden Fall besprochen werden:

- die Ziele des Mitarbeiters;
- die Kompetenzen des Mitarbeiters (Kenntnisse, Fähigkeiten und Charaktereigenschaften), die notwendig sind, um diese Ziele zu realisieren;
- die Aktivitäten des Mitarbeiters, die notwendig sind, um diese Kompetenzen auf sein gewünschtes Niveau zu bekommen und die persönlichen Ziele zu erreichen;
- ein zugehöriger Aktionsplan, der die zu ergreifenden Maßnahmen enthält, um den persönlichen Entwicklungsplan umzusetzen.

Wie ein PEP angewendet wird, hängt vom Organisationsziel ab. Eine Organisation, die zum Ziel hat, Menschen auszubilden, wählt eher einen persönlichen Ausbildungsplan. Hierbei sind die Organisationsziele entscheidend. und man konzentriert sich auf eine Behebung der Defizite beispielsweise hinsichtlich des Fachwissens und der kommunikativen Fähigkeiten eines Mitarbeiters. So wird er für seine jetzige Position im Unternehmen besser geeignet sein. Für eine Organisation, die Menschen dabei unterstützen möchte, sich zu entwickeln, richtet sich ein PEP eher auf die Entwicklung der Talente der Mitarbeiter. Dabei geht es um eine Kombination von Organisationszielen und persönlichen Entscheidungen, die sich auf eine Laufbahn innerhalb des Unternehmens richten. Bei einer Organisation, die ihre Mitarbeiter anregt, ihre Talente zu entwickeln, befasst sich ein PEP mit der Verwirklichung von Träumen und Idealen der Mitarbeiter.

Persönliche Entwicklungspläne werden immer häufiger in Unternehmen angewendet. Trotzdem führt er nicht automatisch zu Ergebnissen. Darum folgen hier ein paar wichtige Fragen und Tipps für die Anwendung eines PEP. Zunächst muss die Organisation eine messbare Zielsetzung und eine klare Zielgruppe definieren. Fragen, die dabei beantwortet werden müssen, lauten: »Was möchte die Organisation mit dem PEP erreichen?« »Ist er eine ernsthafte Maßnahme für die Mitarbeiter oder trägt er auch zu den Werten, die den Mitarbeitern geboten werden, und zu den Organisationszielen bei?« »Wann ist die Einführung erfolgreich und wie verläuft sie überhaupt?« »Ist die Teilnahme freiwillig oder vorgeschrieben, und welche Konsequenzen hat die Verwirklichung eines

Aktionsplans?« »Welche Hilfestellungen kann die Organisation bei der Verwirklichung eines PEP leisten?« Zusätzlich muss die Organisation die Mitarbeiter auswählen, die für PEP-Gespräche geeignet sind. Wird der PEP unverbindlich gehalten, dann wird er vermutlich in einer Schublade verschwinden und die Mitarbeiter arbeiten dann nicht mehr bewusst daran, sich zu verbessern, und verlieren so ihre persönlichen Ziele aus den Augen. Oder es kann vorkommen, dass die Organisation bei der Verwirklichung der PEPs keine Unterstützung bietet. Dies wäre eine verpasste Chance, sowohl für die Mitarbeiter als auch für die Organisation.

Wird der PEP auf die richtige Art und Weise eingeführt, kann er zu einer besseren Zielerreichung von Mitarbeitern und Organisation, besseren Leistungen und einer größeren Mitarbeiterzufriedenheit führen.

Die Beiträge von persönlichen Entwicklungsplänen zu den Freudepfeilern

- *Freiheiten*: Da die Mitarbeiter ganz bewusst ihre eigenen Ziele und Träume formulieren müssen, erhalten sie die Freiheit, innerhalb bestimmter Grenzen nach ihren eigenen Erkenntnissen handeln zu können. Die Grenzen werden dabei nicht durch festgelegte Funktions- und Aufgabenumschreibungen bestimmt, sondern durch die gewählte Unternehmensidentität.
- *Chancen und Herausforderungen*: Da die Mitarbeiter ihre eigenen Ziele und Träume formulieren, werden Chancen und Herausforderungen geschaffen, die ein wichtiger Pfeiler für die Arbeitsfreude sind. Aber viele Mitarbeiter scheuen sich davor, Entscheidungen für die Zukunft treffen zu müssen. Manchmal ist es einfacher, sich nicht zu entscheiden. Eines ist sicher: Bewusste Entscheidungen führen zu einem Lernprozess, durch den Menschen wachsen können. Und das hat wiederum einen positiven Einfluss auf die Leistungen der Organisation.
- *Offenheit*: Wenn Ziele und Träume in einer Organisation gemeinsam formuliert werden, entsteht Offenheit. Mitarbeiter, die ihre Ziele mit ihren Kollegen teilen, können sich auch gegenseitig helfen, diese zu erreichen. Dies scheint auch die Ergebnisse von Teamwork positiv zu beeinflussen: Ein Team wird zu einem Hochleistungsteam.

Der Myers Briggs Type Indicator (MBTI)

Lernen Sie Ihre Kollegen und sich selbst kennen! Eine gesunde Dosis Selbsterkenntnis ist eine Grundbedingung, um Ziele und Träume formulieren zu können, und vor allem, um diese innerhalb eines realistischen Zeitraums zu erreichen.

Der Myers Briggs Type Indicator (MBTI) ist ein Instrument zur Selbstanalyse, das bereits seit Jahrzehnten weltweit angewendet wird. Er zeigt die Verhaltensvorlieben einer Person auf und hilft ihr, ihre persönlichen Stärken und einzigartigen Talente zu entwickeln. Dies führt zu einem besseren Verständnis des eigenen Handelns und des Handelns anderer. Außerdem bekommt man mithilfe des MBTI Einsichten über Motivationen und mögliche Wachstumspotenziale. Dadurch ist dieses Instrument unter anderem für Coaching, Teamaufbau und Laufbahnplanungen geeignet. Wenn der MBTI betriebs- oder abteilungsweit genutzt wird, trägt dies nicht nur zur Selbsterkenntnis bei, sondern auch zu Einsichten, warum andere, leitende Angestellte und Mitarbeiter auf eine bestimmte Art und Weise handeln oder sich verhalten (Krebs und Kummerow, 1998).

Der MBTI wurde Anfang des 20. Jahrhunderts von Catherine Cook Briggs und ihrer Tochter Isabel Briggs Myers, ausgehend von der Persönlichkeitstheorie des Schweizer Psychiaters Carl G. Jung, entwickelt. Jung zufolge sind Persönlichkeitsunterschiede nicht so zufällig, wie es scheint. Sie sind das Ergebnis spontaner, natürlicher Vorlieben. Die Entwickler des MBTI entdeckten dabei vier fundamentale Dimensionen: Die Aufmerksamkeit auf etwas richten, Informationen aufnehmen, Entscheidungen treffen und einen bestimmten Lebensstil haben. Diese Dimensionen haben sie ausgearbeitet und für den Alltag zugänglich und anwendbar gemacht. Durch einen Fragebogen findet man heraus, zu welchem Persönlichkeitstyp man gehört.

Jede Dimension wird von zwei gegensätzlichen Polen bestimmt. Nach Jung besitzt jeder Mensch alle Möglichkeiten (und nutzt diese auch täglich), aber jeder hat grundsätzlich eine gewisse Vorliebe für einen der Pole. Die Anwendung dieses Pols ist einem vertraut, während es mehr Zeit, Konzentration und Energie fordert, den anderen Pol einzusetzen. In Abbildung 18 zeigen wir eine Übersicht über die vier unterschiedlichen Dimensionen.

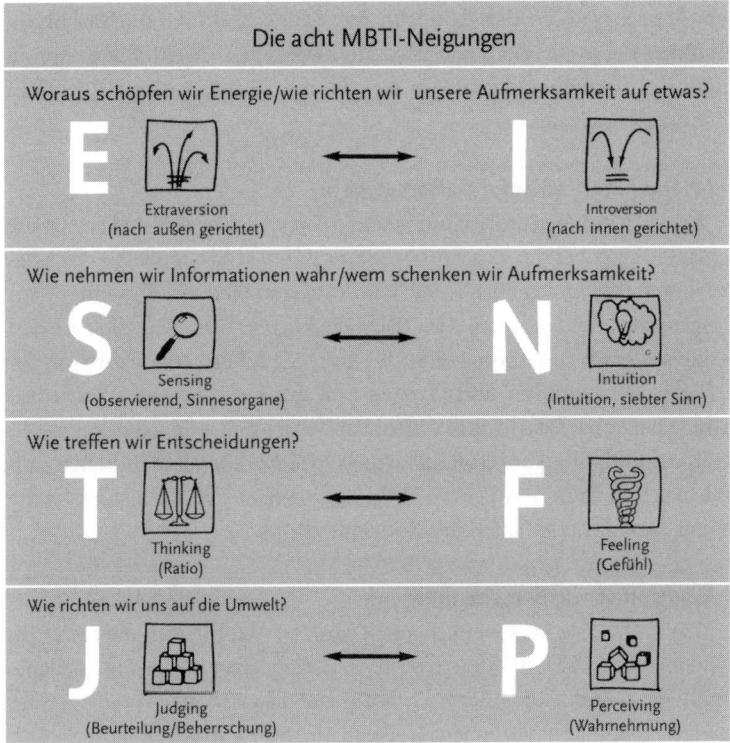

Die acht MBTI-Neigungen

Woraus schöpfen wir Energie/wie richten wir unsere Aufmerksamkeit auf etwas?

E → I

Extraversion
(nach außen gerichtet)

Introversion
(nach innen gerichtet)

Wie nehmen wir Informationen wahr/wem schenken wir Aufmerksamkeit?

S → N

Sensing
(observierend, Sinnesorgane)

Intuition
(Intuition, siebter Sinn)

Wie treffen wir Entscheidungen?

T → F

Thinking
(Ratio)

Feeling
(Gefühl)

Wie richten wir uns auf die Umwelt?

J → P

Judging
(Beurteilung/Beherrschung)

Perceiving
(Wahrnehmung)

Abbildung 18: MBTI

All die unterschiedlichen Buchstaben sind vielleicht etwas zu abstrakt. Darum hier eine kurze Erklärung mit einigen Beispielen:

Woraus schöpfen wir Energie?

Sind Sie ein introvertierter oder extrovertierter Typ (E gegenüber I)? Extrovertierte Menschen nehmen gerne aktiv an Aufgaben teil. Sie holen Energie aus ihrer Umgebung, aus Menschen, Aktivitäten und Dingen. Sie handeln zuerst und denken erst danach. Sie entwickeln Ideen, indem sie mit anderen darüber reden. Dadurch werden sie enthusiastisch. Ganz anders ihr Gegenpol, die Introvertierten. Diese holen Energie aus ihren Ideen, Emotionen und Eindrücken. Sie denken zuerst und handeln danach. Sie arbeiten gerne alleine oder in kleinen Gruppen. Kurz gesagt, ihre innere Welt ist ihnen wichtig. Extrovertierte und introvertierte Menschen können einander in einem Managementteam natürlich sehr viel geben. Aber es ist auch klar, dass Introvertierte nicht immer die Beachtung bekommen, die sie und die Organisation verdienen. Wenn Menschen in einem Team voneinander wissen, wer sie sind, können sie auch Rücksicht aufeinander nehmen.

Wie nehmen wir Informationen wahr?

Wie nehmen Sie Informationen auf (»S« gegenüber »N«)? Dies ist die zentrale Frage bei der zweiten Dimension des MBTI-Modells. Sensing-Personen denken praktisch und konzentrieren sich auf Tatsachen, auf Gesetze, auf alles Sichtbare. Sie stellen die Fragen: Wer? Was? Wann? Wo? Intuitive Personen fragen zuerst: Warum? Sie schenken Konzepten, der Zukunft, dem Großen und Ganzen und der Idee, die einer Sache zugrunde liegt, ihre Beachtung. Wenn zum Beispiel eine Sensing-Person eine Konzeptplanung kontrollieren muss, werden alle kleinen Fehler aufgedeckt. Eine Intuition-Person kann das weniger gut, sie akzeptiert die Fehler, weil der rote Faden des Konzepts stimmt.

Wie treffen wir Entscheidungen?

Wie treffen Sie Entscheidungen? Damit beschäftigt sich die dritte Dimension des MBTI. Treffen Sie Ihre Entscheidungen auf eine logische, sachliche und objektive Art und Weise (vgl. das »T« von *Thinking*) oder spielen persönliche Vorlieben, Gefühle und Werte dabei eine große Rolle (vgl. das »F« von *Feeling*)? Wenn zwei Vertreter dieser unterschiedlichen Typen gemeinsam zu einem Entschluss kommen müssen, ist das nicht leicht. In einem Managementteam mit ausschließlich *Feeling*-Personen und nur einer *Thinking*-Person wird letztere großen Schwierigkeiten ausgesetzt sein. Man wird sie als Nervensäge beschimpfen, die ständig mit, scheinbar unwichtigen, Zahlen ankommt. *Thinking*-Personen dagegen finden die übrigen Teammitglieder wahrscheinlich opportunistisch, naiv und unrealistisch.

Wie richten wir uns auf die Umwelt?

Die vierte Dimension beschäftigt sich mit dem Lebensstil. Ziehen Sie ein organisiertes und strukturiertes Leben vor (das »J« von *Judging*) oder leben Sie lieber spontan und flexibel (das »P« von *Perceiving*)? Sie können sich vorstellen, was passiert, wenn ein »J« mit einem »P« in Urlaub fährt. Das »J« möchte alles schon vorher planen: die Übernachtungen, das Programm, an welchen Raststätten unterwegs Kaffee getrunken wird. Das

»P« dagegen steigt ins Auto und fragt: »Wollen wir nach Frankreich oder nach Italien fahren?«

Die Kombination der Vorlieben bei den vier Dimensionen bildet den Persönlichkeitstyp, eine Kombination von vier Buchstaben. Insgesamt gibt es also sechzehn Typen. Ein bestimmter Typ, zum Beispiel die Buchstabenkombination *ENFP* oder *ISTJ*, deutet die Verhaltensvorlieben einer Person systematisch und beschreibend an. Hierdurch werden keine Kenntnisse oder Fähigkeiten gemessen, sondern einfach, wie deutlich eine bestimmte Vorliebe ist, ohne irgendeine Hierarchie. Die eine Vorliebe ist nicht besser als die andere. Darum ist die größte Kraft des MBTI auch seine positive Einstellung. Jeder Typ ist wertvoll für ein Team. Der MBTI zeigt die starken Seiten eines Typs, nennt seine Entwicklungsmöglichkeiten und beschreibt, wie seine Umgebung ihn sieht. Somit wird der MBTI nie als Bedrohung gesehen. Er lässt uns schließlich auf eine konstruktive Art unsere versteckten Talente und Schwächen entdecken. Dadurch wird es einfacher zu identifizieren, was jemand braucht, um die bestmöglichen Leistungen zu erbringen, und Manager bekommen eine einfache und erkennbare Struktur, die Bedürfnisse ihrer Mitarbeiter zu begreifen.

Der MBTI kann für verschiedene Zwecke eingesetzt werden. Zunächst kann man ihn zur Selbsterkenntnis und Selbstentfaltung anwenden. Ihr persönlicher MBTI-Typ verschafft Ihnen Einsichten über Ihre Motivationen, angeborenen Stärken und möglichen Potenzialen. Diese Einsichten tragen zu Ihrem Selbstbewusstsein bei und fördern Ihre Zusammenarbeit mit anderen. Aber der MBTI kann für mehr als nur individuelle Einsichten eingesetzt werden. Auch für den Teamaufbau ist er sehr nützlich. Der MBTI verschafft einem Team Einsichten in seine eigene Vielfalt und Zusammensetzung. Jeder Typ trägt etwas zum Ergebnis des ganzen Teams bei. Wenn bestimmte Typen in einem Team nicht vertreten sind, hat das Folgen für das Resultat. Dadurch, dass er Unterschiede auf eine positive, aufbauende Art und Weise benutzt, ist der MBTI ein sehr geeignetes Instrument für die Teamanalyse und den Teamaufbau.

> **Die Beiträge des MBTI zu den Freudepfeilern**
> - *Offenheit*: Wenn die Mitglieder eines Teams voneinander wissen, wie sie zu arbeiten pflegen, können sie Rücksicht auf die unterschiedlichen Vorlieben nehmen. So verstehen sie das Verhalten der anderen besser, die Kommunikation wird verbessert und die Teammitglieder haben den Mut, offener zueinander zu sein.
> - *Bestätigung und Anerkennung*: Jedes Teammitglied wird für seinen eigenen, einzigartigen Beitrag geschätzt, so dass die Teammitglieder wissen, was ihr eigener Wert und der anderer für die Organisation ist.

Coaching

Das Formulieren von Zielen und Träumen ist eine verbindliche Angelegenheit. Es zwingt die Organisation, ihre Mitarbeiter bei Entscheidungsprozessen und der Verwirklichung von Zielen zu begleiten und zu unterstützen. Nur dann können die erwünschten Leistungen erbracht werden. Außerdem müssen Organisationen auch die Konsequenzen gewählter Ziele und Träume tragen, zum Beispiel durch Schulungen oder Verschiebungen innerhalb von Aufgabenstellungen und/oder Verantwortungsbereichen.

Auch für Mitarbeiter ist die Formulierung ihrer Ziele und Träume verbindlich: Sie verpflichten sich, ihren Handlungsplan zu verwirklichen. Das gibt dem Arbeitgeber auch Hinweise darauf, ob die Organisationsziele erreicht wurden (Landsberg 1998). Begleitung ist dabei ganz wichtig und kann zum Beispiel durch gegenseitiges Coaching konkretisiert werden: Der eine Kollege (Coach) trainiert den anderen (Coachee). Der Coach muss dabei nicht unbedingt der leitende Angestellte sein. Am wichtigsten ist es, einen Coach zu haben, der zu einem bestimmten Mitarbeiter und dessen Zielen und Träumen passt. Dies hat den Vorteil, dass der Arbeitsdruck nicht nur beim Management liegt, sondern auf mehrere Kollegen in einer Abteilung verteilt wird. Es ist schließlich für leitende Angestellte und/oder die Personalabteilung sehr zeitaufwändig, alle Mitarbeiter zu coachen, und das nicht nur bei der Verwirklichung von bereits formulierten Zielen und der Verbesserung der eigenen Leistungen, sondern auch beim Formulieren von Zielen und Träumen. Ein weiterer Vorteil besteht darin, dass, wenn sich Teams aus Coaches und Coachees zusammensetzen, ein Coachee vom jeweils besten Kollegen auf einem bestimmten Gebiet lernen kann. Der leitende Angestellte ist schließlich auch kein Alleskönner. So wird das in einer Organisation vorhandene Fachwissen optimal genutzt. Die wichtigste Rolle eines Coaches ist, seinem Coachee beim Definieren der persönlichen Ziele und bei der Formulierung seiner Motivationen zu helfen. Der Coach begleitet seinen Schützling nicht nur beim Erstellen eines persönlichen Entwicklungsplans und eines konkreten Handlungsplans, sondern auch bei deren Verwirklichung. Die Umsetzung eines PEP fordert meist eine andere Art Coaching als seine Erstellung. Darum entsteht eventuell das Bedürfnis nach einem anderen Coach. Die Hilfe beim Erstellen eines PEP gleicht einer Karrierebegleitung. Bei der Verwirklichung gesetzter Ziele geht es oft um das Erwerben spezifischer Kenntnisse und Fähigkeiten und darum, an der eigenen Persönlichkeit beziehungsweise an den eigenen Charaktereigenschaften zu arbeiten.

Ein Coachee kann von *einem* Coach oft schon viel lernen, aber je weiter man in die Führungsspitze einer Organisation vordringt, desto größer wird das Bedürfnis nach einem größeren Coaching-Netzwerk. Effektive Manager kennen oft verschiedene Menschen innerhalb und außerhalb ihrer Organisation, in verschiedenen Positionen und mit unterschiedlichen Fachgebieten, die sie regelmäßig um Rat und Unterstützung bitten. So trägt jeder Coach etwas zu einem anderen Aspekt der Entwicklungsziele bei.

Die Beiträge des Coaching zu den Freudepfeilern

- *Offenheit*: Durch die persönliche Beachtung entsteht Offenheit zwischen Coach und Coachee, so dass ein Klima entsteht, in dem man wirklich voneinander lernen und sich gegenseitig motivieren kann.
- *Chancen und Herausforderungen*: Wenn Mitarbeiter sich gegenseitig bei ihrer Entwicklung unterstützen, entstehen für sie neue Chancen und Herausforderungen.
- *Inspirierende Arbeitsumgebung*: Mitarbeiter und Manager werden stimuliert, um einander, und damit auch der Organisation, bei ihrer Entwicklung und dem Verwirklichen von Resultaten zu helfen. Dadurch inspirieren und motivieren Kollegen sich gegenseitig, um zusammen nach bestimmten Zielen zu streben und sich auch gegenseitig auf die Schulter zu klopfen, wenn diese Ziele tatsächlich erreicht werden.

Abschätzung/Beurteilung

Anwerbung und Auswahl von Mitarbeitern

Ein Personalmanager hat einmal seine Aufgabe wie folgt zusammengefasst: »Ich muss dafür sorgen, dass die richtige Person am richtigen Platz ist. Das ist alles.«

Das klingt ganz einfach, aber ist es das auch? Um die richtige Person zu finden und ihr dann den richtigen Platz zuzuweisen, ist es ganz wichtig, dass der potenzielle Mitarbeiter zu denjenigen Mitarbeitern passt, mit denen er in Zukunft zusammenarbeiten wird, das sind die bereits genannten Parteien für Arbeitsfreude aus dem dritten Kapitel. Es muss zwischen den Betroffenen »klicken«, die Chemie muss stimmen. Das spricht dafür, dass alle Betroffenen bei der Auswahl von neuen Mitarbeitern mitreden dürfen. Warum sollte man Bewerber einen ganzen Tag lang in einem Assessment Center quälen? Warum nur zwei Gespräche von je anderthalb Stunden mit einem Recruiter führen? Stattdessen sollte der potenzielle Mitarbeiter lieber einen Tag lang den Mitarbeitern an seinem zukünftigen Arbeitsplatz über die Schulter schauen oder Gespräche von je einer Viertelstunde mit allen Parteien (Stakeholder) führen: Kollegen, leitenden Angestellten, Mitarbeitern, Kunden und Lieferanten. Als Beratungsbüro haben wir solche Treffen bereits mehrfach in Form eines Festes organisiert, zu dem alle Bewerber eingeladen wurden. Außerdem kamen 80 Prozent der Mitarbeiter und einige wichtige Kunden, um die Bewerber kennen zu lernen. Dabei wurden Probleme von Kunden angesprochen, viele Gespräche mit unterschiedlichen Personen geführt, man konnte miteinander Spaß haben, Ideen entwickeln und diskutieren. Dabei hatten alle Kunden und Mitarbeiter ein klares Mitspracherecht bei der Beurteilung der Kandidaten. Schließlich sind sie es, die mit dem neuen Kollegen zusammenarbeiten müssen. Es ist also logisch, dass sie bei der Anwerbung und Auswahl ihrer zukünftigen Arbeitspartner mitreden sollten. Die Resonanz der Kunden sowie der heutigen und zukünftigen Arbeitnehmer ist positiv.

In gleicher Weise können auch neue Manager eingestellt werden. Meistens werden die Manager von Abteilungen oder Niederlassungen vom höheren Management benannt. Aber es gibt bereits jetzt mehrere Organisationen, bei denen die Mitarbeiter ein entscheidendes Mitspracherecht bei der Auswahl ihres Vorgesetzten haben.

> **Die Beiträge von Anwerbung und Auswahl von Mitarbeitern durch die Stakeholder zu den Freudepfeilern**
> - *Engagement und Loyalität*: Da Kunden und Mitarbeiter bei der Anwerbung und Auswahl zukünftiger Mitarbeiter mit einbezogen werden, steigt ihre Identifikation mit der Organisation, und ein guter Teamgeist entwickelt sich.
> - *Offenheit*: Die Beurteilung und Anstellung der Kandidaten schafft Offenheit und Klarheit über die Unternehmenskultur, die Grundwerte und den Alltag im Unternehmen, sowohl Kunden als auch potenziellen Mitarbeitern gegenüber.

Das 360°-Feedback

Das 360°-Feedback wird in der Fachliteratur wie folgt definiert:
»Die Methode, bei der leitende Angestellte, Kollegen, Kunden, Lieferanten und dergleichen aus der direkten Umgebung des Mitarbeiters und auch der Mitarbeiter selbst Feedback über sein Funktionieren geben.« (Van de Berg, Van de Broek & Pijs, 1997)

Das Feedback kommt also von unterschiedlichen Parteien oder aus unterschiedlichen Richtungen wie leitenden Angestellten, eventuellen Mitarbeitern, direkten Kollegen und internen und/oder externen Kunden. Außerdem beurteilen sich die Mitarbeiter selbst. Eine schematische Übersicht finden Sie in Abbildung 19.

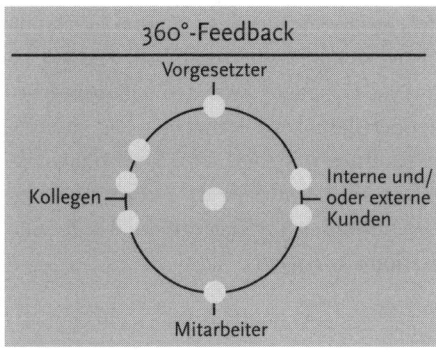

Abbildung 19: 360°-Feedback

Eine solche Feedbackmethode kann zu unterschiedlichen Zwecken, zum Beispiel zur Mitarbeitermotivation, eingesetzt werden. Diese bekommen dann gezielt Beachtung und erhalten individuelles Feedback hinsichtlich verschiedener Kriterien, so dass sie sich darüber im Klaren werden, wie die Parteien, mit denen sie zusammenarbeiten, sie sehen. So werden die Mitarbeiter motiviert, sich gezielt zu verbessern und zu entfalten. Die Ergebnisse einer Feedback-Berichterstattung können dann beim gegenseitigen Coaching verwendet werden. Geht man einen Schritt weiter, kann man das 360°-Feedback einsetzen, um Mitarbeiter über ihre persönliche Leistung innerhalb des Unternehmens aufzuklären. Die Feedback-Ergebnisse werden dann bei den regelmäßigen Gesprächen mit Mitarbeitern über deren Einsatz und Fortschritt ausgewertet. Es kann auch dazu angewendet werden, um ein Urteil über Ergebnisse und die entsprechende Belohnung zu fällen. Da das Feedback natürlich sehr persönlich ist, muss es von Sorgfalt und Ehrlichkeit geprägt sein. In Abbildung 20 zeigen wir auf, wie eine zusammengefasste Feedback-Auswertung aussehen kann. Der betroffene Mitarbeiter kann erkennen, wie die unterschiedlichen Personen, mit denen er zusammenarbeitet, ihn nach unterschiedlichen Kriterien beurteilen. Einige Reaktionen von Mitarbeitern, deren Organisationen die Feedbackmethode eingeführt haben, sind: »Das Feedback war anfangs ein bisschen unheimlich, aber es ging besser als erwartet. Man bekommt dadurch sogar mehr Energie,« und »Das Bild, das man von sich selbst hat, unterscheidet sich von dem, das andere haben. Dadurch habe ich viel gelernt.«

In den bereits genannten Studien von Watson Wyatt wurde eine bemerkenswerte Beobachtung zum 360°-Feedback gemacht. Sowohl die amerikanischen als auch die europäischen Studien des *Human Capital Index* zeigen, dass sich die 360°-Feedbackmethode negativ auf den Marktwert eines Unternehmens auswirkt. Genauere Analysen haben gezeigt, dass die Methode sich ausschließlich dann bezahlt macht, wenn sie sorgfältig in andere Managementprogramme integriert wird. Dies zeigt, dass Instrumente nur dann von Nutzen sind, wenn sie im Zusammenhang mit anderen Instrumenten gesehen werden, die zusammen die Identität und die Strategie einer Organisation ausmachen.

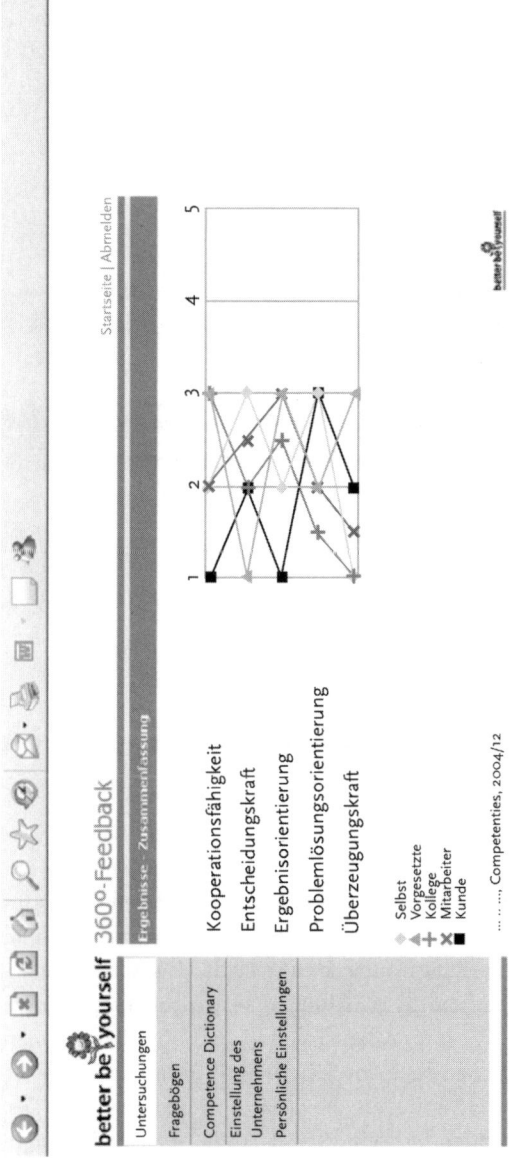

Abbildung 20: Zusammenfassung einer 360°-Feedbackauswertung

Die Beiträge des 360°-Feedback zu den Freudepfeilern

- *Offenheit*: Durch das 360°-Feedback wird Offenheit geschaffen und Zusammenarbeit gefördert. So wird die Organisation dazu angeregt, sich in einen ständigen Lernprozess zu begeben. Dadurch entstehen innerhalb eines Unternehmens Kulturveränderungen und Kommunikationsverbesserungen. Als Beispiel sei hier die Reaktion eines Mitarbeiters zitiert: »Da wir miteinander über unsere Fähigkeiten, Verhaltensweisen und Ergebnisse sprechen, entsteht Offenheit und Klarheit. Kommunizieren wird dadurch einfacher.«

- *Chancen und Herausforderungen*: Dem Wachstum und der Entwicklung von Mitarbeitern wird besondere Beachtung geschenkt. Durch die Auswertung des Feedbacks wird das Potenzial des Mitarbeiters festgestellt. Dadurch entstehen für ihn passende Chancen und Herausforderungen.

- *Belohnung und Beurteilung*: Eine sorgfältig angewendete 360°-Feedbackmethode führt zu ehrlichen und ausgewogenen Beurteilungen und höheren Gehältern, auch im Vergleich mit Kollegen.

- *Bestätigung und Anerkennung*: Da das Feedback von unterschiedlichen Parteien kommt, bekommen die Mitarbeiter gezielt und bewusst Bestätigung, wenn sie gut arbeiten.

Eine integrierte Arbeitsweise: Fortis ASR

In diesem Kapitel haben wir bis jetzt unterschiedliche Instrumente für Lustmanagement zusammenhanglos Revue passieren lassen. Deshalb werden wir uns einem Fall widmen, bei dem das Zusammenwirken der verschiedenen Instrumente deutlich wird. Dabei wurden die folgenden Instrumente eingesetzt, um ein höheres Lust- und Leistungsniveau zu erreichen: die Balanced Scorecard, die Entwicklung eines Leitbilds, Coaching, Mitarbeiterumfragen, Kundenarena und die Schaffung von Partizipationsstrukturen.

Wenn es bei Fortis ASR um »Arbeitsfreude« und »Kundenergebnisse« geht, landet man schnell bei Evert Schaftenaar. Er ist Bereichsleiter der Abteilung Lebensversicherungen, die etwa 250 Mitarbeiter hat. Der Elan, der in dieser Abteilung herrscht, ist bei Fortis ASR bereits aufgefallen. In diesem Abschnitt über seine Erfahrungen mit Lustmanagement hat Schaftenaar selbst das Wort.

Vor ein paar Jahren waren wir in der Versicherungsbranche ziemlich verwöhnt. Die Ergebnisse waren immer gut, denn die Umstände waren prima: Der Aktienindex stieg und auch steuergesetzlich sah es hervorragend aus. Dadurch lief es auch bei den Versicherungsgesellschaften exzellent. Aber wir mussten uns in Bewegung setzen, wenn wir eine starke Position für Zeiten aufbauen wollten, in denen es schlechter lief. Was uns als Managementteam schnell klar wurde, ist, dass unsere Mitarbeiter eine ganze Menge Kenntnisse für Verbesserungen besitzen. Sie haben den größten Kundenkontakt, also haben sie auch die meisten Verbesserungsvorschläge. Unsere Mitarbeiter sind für unsere Dienstleistung äußerst wichtig, sagte uns unser Gefühl. Wir hatten damals übrigens noch nicht einmal von der Value Profit Chain oder von Lustmanagement gehört. Trotzdem fragten wir uns, wie wir diese Dinge in unserer Abteilung verwirklichen konnten. In dieser Situation stießen wir auf das Kozept »Lustmanagement«, und wir waren sofort begeistert. Das soll nicht heißen, dass Mitarbeiterzufriedenheit alles ist. Es geht darum, die Erwartungen des Kunden zu übertreffen. Und das geht am besten mit Mitarbeitern, die Freude an der Arbeit haben und sich wohl fühlen. Es ging also nicht nur um Freude, sondern auch um Ergebnisse. Unser erster Schritt bestand darin, die Arbeitsfreude mit BetterBeYourself zu messen. Das kam uns sehr gelegen, denn innerhalb der gesamten Fortis-Gruppe war gerade die Balanced Scorecard eingeführt worden, und unsere Auswertung passte ideal dazu. Trotzdem war das Managementteam sich nicht sofort einig. Die Bedeutung der Philosophie von Arbeitsfreude war allen klar, aber einige Manager fanden sie noch zu vage. Wir mussten sie also viel greifbarer und konkreter formulieren, damit klar wurde, welche Ergebnisse wir erreichen wollten und wie man Arbeitsfreude konkret messen und managen kann.

Eines der ersten Ergebnisse aus der Auswertung mit BetterBeYourself zeigte, dass das Engagement des Managements als viel zu niedrig beurteilt wurde. Das heißt, dass man zwar sinnvolle und gute Pläne schmieden kann, es aber eigentlich darum geht, dass Veränderungen für die Mitarbeiter spürbar werden. Als Managementteam haben wir dieses Jahr ein ernsthaftes und gleichzeitig humorvolles Buch mit dem Titel *Auf zum Gipfel* herausgebracht. Darin versuchen wir den Arbeitnehmern klarzumachen, wie wir unsere Strategien in die Praxis umsetzen. In diesem Buch hatten wir deutlich beschrieben, wohin wir wollten, was wir von jedem erwarteten und auch die Art und Weise, wie wir dieses Ergebnis erreichen wollten. Das wurde unter anderem in den Grundwerten *Offenheit, Verantwortungsbewusstsein, Ergebnisorientierung* und *Freude* ausgedrückt. Aber es ist nicht nur bei diesem Buch geblieben. Wir haben auch eine so genannte Lust & Leistungs-Gruppe unter dem Motto »Von Mitarbeitern für Mitarbeiter« gegründet. Zusammen mit dieser Gruppe haben wir verschiedene Aktivitäten gestartet, um mehr Interaktion zwischen Mitarbeitern und Management, aber auch zwischen Mitarbeitern untereinander anzuregen. Diese Gruppe gibt inzwischen einen Newsletter heraus und organisiert Mitarbeiterarenen.

Die zentrale Gruppe für die Verwirklichung einer Kultur von Lust und Leistung in unserer Organisation waren die Abteilungsleiter, da diese den besten Kontakt zu den Mitarbeitern haben. Sie nahmen unsere Vorschläge zunächst relativ neutral auf, sind aber inzwischen ganz begeistert. Ich persönlich schenke den Abteilungsleitern viel Aufmerksamkeit und versuche, sie täglich zu unterstützen, nicht nur dadurch, dass ich ihnen Instrumente an die Hand gebe und Abteilungsziele formuliere, sondern auch durch persönliches Coaching. *Ich* muss dafür sorgen, dass die Abteilungsleiter sich wohl fühlen und Hilfe bekommen, wenn sie Schwierigkeiten haben. Dafür sind Aufmerksamkeit und Zeit nötig. Und die Aufmerksamkeit muss ernst gemeint sein, sie muss echt sein. Sonst gewinnt man das Vertrauen der Abteilungsleiter nicht. Letzteres stellte sich sowieso als nicht einfach heraus, denn ursprünglich war es in unserem Betrieb üblich, dass Fehler gnadenlos verfolgt und bestraft wurden und deshalb wenig Vertrauen herrschte. Aber im Laufe der Zeit ging es immer besser. Beim persönlichen Coaching kamen Fragen auf wie zum Beispiel: »Was hält Ihr Kunde wohl davon?« »Und Ihre Mitarbeiter?« Die Abteilungsleiter können jetzt selbst, mit und für ihr Team, ausarbeiten, wie sie Lust und Leistung verbessern können. Das eine Team ist dabei schon weiter als das andere. Und außerdem lernen die Teams auch voneinander.

Wie finden die Mitarbeiter das alles? Ich organisiere regelmäßig ein informelles Mitarbeitergespräch. Darin bekomme ich zu hören, dass das Vertrauen in das Managementteam zurückkehrt. Man erwartet Veränderung und Verbesserung. Die Lust- und Leistungs-Gruppe ist auf dem richtigen Weg. Die Einstellung von Lust und Leistung springt einem aus ihrem Magazin *Swingformation* praktisch entgegen.

Aber wir sind noch nicht am Ziel. Und das geht auch nicht, denn so lange beschäftigen wir uns noch nicht damit. Mitarbeiterzufriedenheit und Arbeitsfreude haben absolut nichts mit Vertröstungsmanövern zu tun. Es geht darum, dem anderen klar zu machen, was man will und was man voneinander erwartet, und dass man als Manager auch über längere Zeit konsequent vorgeht. Das heißt: Komplimente und Wertschätzung äußern, aber auch die Leute ansprechen, deren Verhalten sich nicht mit dem kunden- und mitarbeiterorientierten Denken verträgt. Eines ist bei uns ganz klar: Die Unverbindlichkeit ist aus unserer Abteilung verschwunden. Das klingt vielleicht hart, aber es geht um die Kombination von Arbeitsfreude und Ergebnissen.

Es ist nicht leicht herauszufinden, welche Resultate einzig und allein die Auswirkungen von Lustmanagement sind. Es ist schließlich nur ein Teil des Ganzen, und zwar ein wichtiger Teil. Die in den Niederlanden durchgeführte IG&H-Kundenstudie zeigt, dass wir als bestes Full-Service-Unternehmen abgeschnitten haben. Unser Umsatz ist gestiegen, während der Markt schrumpft. Der Aufholbedarf wird geringer. Unsere Produktivität steigt stark, denn das Auftragsvolumen ist um 10 Prozent gewachsen, während wir jetzt mit weniger Leuten arbeiten. Die Zufriedenheit mit den unterschiedlichen Freudefeilern ist gestiegen. Der Krankheitsausfall ist gesunken. Unser Anteil am Markt für individuelle Altersvorsorge ist von 5,5 Prozent auf 7,5 Prozent gestiegen.

Auch die Kundenzufriedenheit hat sich verbessert. Ursprünglich lag diese auf einer Skala von 1 bis 10 bei 6,5, inzwischen ist sie auf 7,5 gestiegen. Wir gehen also in die richtige Richtung. Meiner Meinung nach liegt das Geheimnis darin, konsequent zu sein. Es geht darum, konsequent aus der Sicht der Mitarbeiter und Kunden zu denken und als Manager eine konsequente Botschaft zu verkünden und sich auch selbst daran zu halten. Das kostet viel Arbeit und Energie. Aber es gibt einem auch einen Kick, und man sieht ein greifbares Ergebnis.

Rückschau und Vorausblick

Wir haben dieses Kapitel mit einer Warnung eingeleitet. Denn Instrumente werden oft zusammenhanglos eingesetzt, weil sie gerade im Trend liegen. Hiermit wollen wir nichts zu tun haben, denn die Instrumente zeigen dann wenig Wirkung und tragen nicht zu den Zielen einer Organisation bei.

Zuerst müssen die Identität, die Zielsetzung und die Grundwerte eines Unternehmens bekannt sein. Daraus leiten sich die Instrumente ab, die zur Zielerreichung eingesetzt werden. Sie müssen so gewählt werden, dass sie sich gegenseitig ergänzen und verstärken. Darum haben wir in diesem Kapitel einige unterschiedliche Instrumente einschließlich ihres Beitrags zu den verschiedenen Freudepfeilern und auch zum Ergebnis des Unternehmens vorgestellt. Diese gehen über das Personalmanagement hinaus. Wir haben zum Beispiel bei der Vorstellung der Kundenarena und Anwerbung und Auswahl durch Stakeholder einige Berührungspunkte mit dem Marketing aufgezeigt, weil der Kontakt zum Kunden (»Wem liefere ich was, und wie erfährt diese Person das?«) ein wichtiger Faktor für Arbeitsfreude und Leistung ist.

Aber nicht nur Personal- und Marketingaspekte sind besprochen worden. Die Konsequenzen, wenn man der Mitarbeiterpartizipation eine klare Struktur gibt, können sich auch auf die *Corporate Governance* einer Organisation auswirken.

Damit sind uns der Inhalt und die Praxis von Lustmanagement klar geworden. In den vorangegangenen Kapiteln wurde gezeigt, warum Arbeitsfreude wichtig ist (Kapitel 2). Anhand der unterschiedlichen Freudepfeiler haben wir gesehen, wodurch Arbeitsfreude bestimmt wird. Wir sind auf die Parteien eingegangen, die Arbeitsfreude beeinflussen (Kapitel 3), und haben besprochen, wie all dies bewerkstelligt und verwirklicht werden kann (Kapitel 4).

In diesem Kapitel haben wir gesehen, wie unterschiedliche Instrumente, mit denen wir Lustmanagement veranschaulichen, initiiert oder verstärkt werden können. Jetzt fehlt nur noch ein Bindeglied zwischen Theorie und Praxis: Wer muss das alles verwirklichen? Unsere Antwort lautet: der Lustmanager. Aber was sind die Eigenschaften einer solchen Person? Das ist das Thema des nächsten Kapitels.

Stellen Sie sich die folgenden Fragen

1) Wie ergänzen die Instrumente, die meine Organisation anwendet, ihre Identität, ihre Strategie und ihre Ziele? Kennen wir die Auswirkungen der unterschiedlichen Instrumente?

2) Wie gehen wir als Organisation mit den Ergebnissen der angewendeten Instrumente um? Besteht ein Zusammenhang zwischen diesen Instrumenten? Bestärken sie sich gegenseitig?

3) Geht die Anwendung der unterschiedlichen Instrumente auf Kosten meiner persönlichen Beziehung zu den einzelnen Mitarbeitern oder ist eher das Gegenteil der Fall?

4) Welche Marketingaktivitäten kann ich anwenden, um das Personalmanagement zu stärken, und wie kann ich Instrumente aus dem Personalmanagement anwenden, um Kunden zufriedener und engagierter zu machen?

5) Wie oft sprechen Managementteams, das »Backoffice« und die Personalabteilung mit den Kunden? Hätten intensivere Kontakte Auswirkungen auf das Ergebnis?

6) Was erfahren die Mitarbeiter von den Ergebnissen einer Studie über ihre Zufriedenheit?

7) Wie kann ich die Mitarbeiter zu einem früheren Zeitpunkt in die Verwirklichung von Verbesserungen, die Ausarbeitung einer Strategie und die Entwicklung neuer Ideen einbeziehen?

8) Welche Zukunftsperspektive haben die Mitarbeiter? Wie wird ihre (Laufbahn-)Entwicklung von der Organisation unterstützt? Welchen Nutzen hat ein persönlicher Entwicklungsplan einerseits für die Organisation und andererseits für die Mitarbeiter?

9) Welche MBTI-Typen habe ich in meinem Team? Ergänzen sie sich gegenseitig, oder führen die Unterschiede zu Konflikten? Wie gehe ich damit um?

10) Habe ich selber einen Coach? Bin ich selbst ein Coach?

11) Von wem werde ich beurteilt? Müsste ich von unterschiedlichen Parteien beurteilt werden?

12) Welche Rolle können Kunden bei der Beurteilung von Mitarbeitern spielen?

Teil 3
Das Erfolgsgeheimnis des Lustmanagers

6
Der effektive Lustmanager

»Ich merke, dass das Management sich die Ergebnisse der letzten Umfrage angehört hat. Das alleine ist schon eine Ermutigung für die Mitarbeiter und bekommt von mir die Note 8 auf einer Skala von 1 bis 10. Das gelbe Trikot und die Tennisbälle waren vielleicht für manche etwas zu kindisch – es gibt immer ein paar, die meckern –, aber für mich zeigen sie auf jeden Fall, dass sich das Management mit dem Personal identifiziert. Meiner Meinung nach ist das die einzige Art, wie das Management auf lange Sicht Glaubwürdigkeit beim Personal gewinnen kann. Und schon alleine durch die Glaubwürdigkeit wird sich das Personal mit dem Management identifizieren. Weiter so, allerdings ohne zu übertreiben.«

Bemerkung eines Teilnehmers an einer Umfrage über die Zufriedenheit der Mitarbeiter

»Ich glaube nicht an einen »Star-Vorstandsvorsitzenden«, der sich präsentiert, als ob er alleine das gesamte Unternehmen leitet, es vorm Untergang gerettet und jetzt zu großen Leistungen gebracht hat. Das ist der reinste Blödsinn. Es ist Menschenarbeit und Teamarbeit. Jede andere Auffassung ist für die Mitarbeiter sehr demotivierend.«

Antony Burgmans,
Vorstandsvorsitzender von Unilever

Lust & Leistung, Salem Samhoud, Hans van der Loo, Jeroen Geelhoed
Copyright © 2005 WILEY-VCH Verlag GmbH & Co. KGaA, Weinheim
ISBN: 3-527-50138-X

»Ich finde die Ideen von Lustmanagement ja ganz nett, aber wie schaffe ich das? Wie kann ich sie verwirklichen? Ich finde es abstrus, vage und nicht greifbar.«

Diese Reaktion bekommen wir regelmäßig von Managern zu hören. Und zwar zu Recht. Leonard Schlesinger, einer der Autoren der *Value Profit Chain*, gibt dies auch zu:»Diese Philosophie ist vernünftig, aber nicht leicht zu verwirklichen.« (&Samhoud, 2003) Als Leiter einer Organisation muss man dafür einstehen. Und dann kommen direkt die Fragen:»Was für eine Art Mensch muss man sein?« und»Worauf müssen wir gefasst sein?« auf uns zu. Genau diese Fragen wollen wir in diesem Kapitel beantworten.

Wie wir sehen werden, hat ein effektiver Lustmanager drei wichtige Eigenschaften. Zuallererst ist er sehr auf das Ergebnis fixiert, hat aber gleichzeitig auch einen Blick für seine Mitarbeiter. In diesem Kapitel zeigen wir diese Eigenschaften an Jack Welch, dem ehemaligen Vorstandsvorsitzenden von General Electric. Die zweite Eigenschaft eines effektiven Lustmanagers ist die Fähigkeit, unterschiedliche»Welten« miteinander zu verbinden, dazu zählen unter anderem die wirtschaftliche, die soziale und die ästhetische. Dabei wenden wir eine Typologie von Peter Block an. Mit Hilfe einer Studie von Jim Collins werden wir sehen, dass ein effektiver Lustmanager nicht auf sich selbst gerichtet ist, sondern sich seinen Mitarbeitern gegenüber wie ein Diener verhält. Dies ist die dritte Eigenschaft eines effektiven Lustmanagers. Anschließend präsentieren wir eine Checkliste mit Fragen. Das Kapitel wird mit einem konkreten Fall abgeschlossen.

Der Terminus Lustmanager bedeutet übrigens nicht, dass in einer Organisation eine zusätzliche Stelle geschaffen werden muss. Der Begriff deutet eher die Art und Weise an, wie jemand seine Mitarbeiter führt, als eine eigene Funktion.

Scharf auf Ergebnisse, scharf auf Menschen

Von Jack Welch, dem ehemaligen Vorsitzenden von General Electric, kann man viel behaupten, aber nicht, dass er ein»Softie« gewesen sei. Weil er bei Gesundschrumpfungen massenhaft Personal entließ, aber die Fabriken und Gebäude schonte, bekam er den Spitznamen Neutron Jack. Der vordere Platz, den General Electric derzeit auf der Rangliste der Unternehmen mit dem höchsten Marktwert innehat, ist daher kein Zufall. Unter Welchs beflügelter Leitung wurde sämtlicher bürokratischer Ballast abgeworfen und ganze Managementebenen wurden aufgelöst. Abteilungen, die sich nicht rentierten und nicht die Ambitionen oder das Potenzial hatten, zur absoluten Weltspitze zu gehören, wurden ohne Pardon zur Seite geschoben. Manager, die nicht genug leisteten und nicht zur Unternehmenskultur passten, wurden aufgefordert ihr Heil woanders zu suchen. Sicher kein Schätzchen, dieser Jack Welch. Und doch hat er auch eine andere Seite, die in der Vergangenheit eher unsichtbar war. Jack Welch ist durch und durch ein Gefühlsmensch. Zu allen passenden und unpassenden Gelegenheiten betont er, wie wichtig Liebe ist. Liebe steht seiner Meinung nach nicht nur in Übereinstimmung mit der menschlichen Natur, sondern ist auch noch eine Grundbedingung für Erfolg. Das Managen von Liebe hat laut Welch damit zu tun, seine Emotionen offen zu zeigen. Liebe für sein Fachgebiet, aber auch für Kollegen und Mitarbeiter, ist unverzichtbar, wenn man in der heutigen Wirtschaft bestehen will. »Wenn es angebracht ist, muss man seine Menschen umarmen. Wenn nötig, muss man sie auch in den Hintern treten«, sagt Welch (Colvin, 2001). Gerade beim Zeigen von Emotionen haben die meisten Topmanager laut Colvin ein Defizit. »Überall um mich herum sehe ich künstliche Umfelder entstehen. Leiter und Manager wissen nicht mehr, wie es ist, ehrlich miteinander umzugehen.« Seiner Meinung nach liegt das darin begründet, dass es ihnen an dem Selbstvertrauen mangelt, dass sie andere wachsen lassen können. »Die meisten Manager sind egozentrisch. Sie sind zwar engagiert und bringen auch im Allgemeinen gute Leistungen, aber oft geht das auf Kosten anderer. Sie sind auch nicht imstande, bei anderen Energien freizusetzen. In unserem Betrieb war darum für solche Typen kein Platz.« Um in Zukunft zu überleben, muss man laut Welch Liebe und Leidenschaft in Betrieben predigen: »We need to pump emotional juice into how to do business.« (Welch, 2001)

Obwohl es sicher erfrischend ist, mit dem »anderen Welch« konfrontiert zu werden, ist sein Plädoyer natürlich kein Zufall. Die Beachtung von Emotionen im Zusammenhang mit Arbeit ist kennzeichnend für diese Zeit. Das wachsende Interesse für das Konzept »Lustmanagement« ist nur eines der Anzeichen hierfür. Auch bei Veränderungen in der Organisation wächst das Interesse an der Bedeutung von Emotionen. Bis vor kurzem war das emotionale Repertoire von Change-Agents relativ begrenzt. Wer in diesem Beruf erfolgreich sein wollte, musste schlagkräftig, kühl und mitleidlos wirken. Für »Schwächlinge« war in der Welt der Turnaround-Manager kein Platz. Wenn die Zeichen nicht trügen, scheint sich das zu ändern. Der heutige effektive Manager präsentiert sich nicht mehr als brutal und rücksichtslos, sondern als jemand, der auch die Bedeutung der »weichen« Seite des Managements kennt. Die Vorzeichen dieser Veränderung sind übrigens bereits seit längerem sichtbar. So schrieb der deutsche Trendguru Gerd Gerken zu Beginn der neunziger Jahre ein Buch mit dem Titel *Management by Love*. Trotz der vielen Aufmerksamkeit, die das Buch auf sich zog, wurde mit dessen Inhalt gnadenlos abgerechnet. Gerken machte es seinen Kritikern auch nicht schwer: Genau wie alle seine Werke bestand auch dieses Buch aus einem Sammelsurium nicht zu Ende gedachter Ideen. Wenn es überhaupt auf irgendeiner Argumentation basierte, war die für den durchschnittlichen Leser nicht zu entdecken.

Das Klima war bereits viel milder, als Manfred Kets de Vries (1998) Ende der neunziger Jahre das Buch *Leiderschap van wereldklasse (Führung von Weltklasse)* herausbrachte. Er stellte darin fest, dass der traditionelle Manager, der ein großes betriebswirtschaftliches und technisches Wissen hatte und es gewöhnt war, dass man ihm gehorchte, langsam aber sicher Platz für eine neue Art Führungskraft machte. In den heutigen Organisationen, die sich schnell entwickeln, fordern Mitarbeiter von ihren Vorgesetzten vor allem Beachtung und Vertrauen. Die Leiter von heute sind laut Kets de Vries eine Art Fleisch gewordener Teddybären, von denen erwartet wird, dass sie die Emotionen von Menschen erkennen und kanalisieren. Als Prototyp dieses neuen Typs führt der Autor den erfolgreichen britischen Unternehmer Richard Branson an. Seit Jahr und Tag brüstet er sich damit, dass er ein Unternehmensimperium aufgebaut hat, das einer Trauminsel ähnelt. In Bransons Imperium sind alle gleich: Ränge und Stände sind abgeschafft worden, die gegenseitige Verbundenheit ist phänomenal, und jeder, der eine gute Idee hat, kann diese sofort verwirklichen. Das Rezept für diese Erfolgsformel: »Hege und pflege deine Mitarbeiter und sorge für Arbeitsfreude.« Außer Arbeitsfreude geht es laut Branson auch um Liebe: »Liebe ermöglicht das Außerordentliche in einer Organisation. Wo die Liebe regiert, herrschen auch gegenseitiger Respekt und Vertrauen. Und indem wir einander vertrauen, können wir schneller und effektiver lernen und uns verändern.« (Kets de Vries, 1998).

Integration unterschiedlicher Kompetenzen

Die zweite Eigenschaft eines effektiven Lustmanagers ist die Fähigkeit, unterschiedliche Welten, die für eine Organisation bedeutend sind, zu kombinieren. Eine Typologie, die uns hierbei helfen kann, finden wir bei Peter Block (2002). Er zeigt einige Möglichkeiten auf, wie Menschen mit wertvollen Ideen umgehen. Block unterscheidet dabei verschiedene Typen. Der »Techniker« löst gerne Probleme und wendet verschiedenste Methoden und Checklisten an, um ein Problem zu lösen. Er strebt danach, alles perfekt zu beherrschen, vorherzusehen, zu automatisieren und zu messen. Der »Ökonom« schafft eine Welt, in der Geld verdienen das einzige Ziel der Stakeholder ist, und konzentriert sich dabei auf Kosten, Verhandlungen, Sicherheiten und Vorhersehbarkeit. Der »Künstler« beschäftigt sich mit Dingen, die das Herz betreffen. Sie müssen schön sein, die Menschen ansprechen, sie rühren. Der Begriff »Künstler« wird dabei ganz breit gesehen. Dazu zählen Sozialwissenschaftler, Philosophen und Geistliche. Viele denken, dass die Künstler Ballast für den Ökonom und den Techniker sind. »Was sie sagen, ist schön und gut, aber sie sind ein wenig weltfremd«, so denken wir, während wir eigentlich genau wissen, dass das ganz und gar nicht der Fall ist. Der letzte Typ, der »(soziale) Architekt«, ein Begriff, den bereits der Managementguru Noel Tichy anwendet, hat die Verantwortung, die Welten von Techniker und Ökonom einerseits und Künstler andererseits zu verbinden. Der Architekt kümmert sich ebenso um die Schönheit der Dinge wie um ihre praktischen Eigenschaften, die Art und Weise, wie sie funktionieren, und den Wert, den sie liefern. Es geht ihm um das gesamte Bauwerk, das Ganze, das Endergebnis. Denn die oben genannten Dinge sind schließlich wichtig für das Endergebnis.

Da wir in diesem Buch vor allem die Kombination von Lust und Leistung betonen, wird es kaum überraschen, dass die Einstellung des Architekten am besten zum Lustmanager passt. Das ist auch logisch, denn ein Manager beschäftigt sich, ob er will oder nicht, mit unterschiedlichen Fragen. Diese beeinflussen sich gegenseitig. Es sind die Fragen, die angesichts der Widersprüche von Lust und Leistung, von »love your people and ask for result« entstehen. Im Folgenden nennen wir einige dieser Probleme, die wir in konkreten Fragen formuliert haben (Brüggemann, 1989):

- *Wirtschaftsaspekt*: Werden die Umsatz- und Gewinnziele der Organisation erreicht?
- *Sozialer Aspekt*: Erreiche ich die Unternehmensziele, indem ich die Menschen und ihre eigenen Wünsche, Talente, Schwächen, ihren Enthusiasmus, ihre politischen Spielchen und Kommunikationsweisen mobilisiere und motiviere?

- *Logischer Aspekt*: Wie richte ich meine Prozesse am effizientesten ein?
- *Ästhetischer Aspekt*: Wie schaffe ich eine »attraktive« Organisation, »attraktive« Dienstleistungen und Produkte?
- *Sinngebungsaspekt*: Für welchen Zweck arbeiten wir eigentlich als Organisation? Wie begeistere ich meine Leute für etwas? Was bieten wir als Organisation unserem Umfeld?
- *Ethischer Aspekt*: Arbeiten wir als Organisation aufrichtig und gerecht?

Jedes einzelne dieser Probleme ist leicht zu lösen, aber die richtigen Antworten in Zusammenhang miteinander zu bringen, ist schon schwieriger. Wenn wir einem Aspekt zu viel Beachtung schenken oder uns nur auf diesen konzentrieren, führt das zu Unbehagen (De Vries, 1999) und Brüchen (Dooyeweerd, 1935). Die Kunst, als (sozialer) Architekt Lustmanager zu sein, liegt darin, diese unterschiedlichen Dinge so aufeinander wirken zu lassen, dass sie zueinander passen, dass Lust und Leistung zusammengebracht werden, dass sowohl die Mitarbeiter, Kunden und Aktionäre als auch die Gesellschaft mehr Werte empfangen, als sie austeilen, dass ein Manager sowohl »hart« als auch »weich« sein muss, sowohl am Menschen als auch an der Aufgabe orientiert.

Der dienende Leiter

Inzwischen haben wir gesehen, welche Rolle ein Lustmanager hat und wie er beim Entwickeln eines großartigen Unternehmens mit den oben genannten ungleichen Aspekten umgehen muss. Aber mit diesen Bemerkungen sind wir noch nicht beim Kern des Lustmanagers angekommen. Wir wissen noch nicht, wer er ist, was sein Antrieb beim Führen und Leiten einer Organisation oder einer Abteilung ist.

Jim Collins (1997 und 2001) hat die Eigenschaften großer Unternehmen untersucht. Es hat sich gezeigt, dass Organisationen, die bereits seit Jahrzehnten erfolgreich und außerdem attraktive Arbeitgeber sind, ihre Ausdauer nicht einem egozentrischen, charismatischen Leiter zu verdanken haben. Im Gegenteil. In seinem letzten Buch *Good to Great* untersucht er Organisationen, die sich von einem »guten« zu einem »großartigen« Unternehmen entwickelt haben. Er zeigt auf, dass solche Organisationen immer von einem bestimmten Typ Führungspersönlichkeit geprägt werden, die er den »Level-5-Leader« nennt. Ihren Charakter beschreibt er wie folgt: »Level 5 leaders channel their ego needs away from themselves and into the larger goal of building a great company. It is not that they have no ego or self-interest. Indeed, they are incredibly ambitious. But their ambition is first and foremost for the institution, not themselves.« (Collins, 2001)

Warum verwendet Collins den Begriff Level-5-Leader? Gemäß Collins verfügen sämtliche Manager der obersten Güteklasse über die Eigenschaften der vier vorhergehenden Stufen. Manager der ersten Stufe erbringen ihren Beitrag durch Talent, Wissen, Fähigkeiten und gute Arbeitsmoral. Auf der zweiten Stufe sind Teamspieler gefragt: Vertreter dieser Stufe tragen zu den Gruppenzielen wesentlich bei und leisten einen wichtigen Beitrag im Team. Kompetente Manager finden sich auf der dritten Stufe: Sie sind in der Lage, sich selbst und die Mitarbeiter so gut zu führen, dass auch sehr hoch gesteckte Ziele gemeinsam erreicht werden können. Persönlichkeiten auf der vierten Stufe dürfen für sich bereits die Bezeichnung »effektive Führungskraft« in Anspruch nehmen: Sie sind einer gemeinsamen (unternehmerischen) Sache bedingungslos verpflichtet, entwerfen Visionen, überzeugen Meinungsträger davon und erreichen gemeinsam mit dem Team Höchstleistungen. Genau hier verläuft aber eine scharfe Grenze: Nur eine beschränkte Anzahl von Führungskräften hat die Fähigkeit, die fünfte Stufe zu erreichen. Denn persönliche Bescheidenheit und Demut können nicht gelernt werden. Sie sind Charaktereigenschaften, die größtenteils angeboren sind. Und doch sind sie an dieser Grenze ausschlaggebend: Denn die hervorragenden Führungskräfte auf der vierten Stufe erliegen ohne diese Eigenschaften allesamt der Gefahr, ihr eigenes Ego über das Wohl des Unternehmens zu stellen. Sie gelangen zu Schlagzeilen, Ruhm und Geld, werden aber niemals ein nachhaltig großartiges, sondern höchstens ein gutes Unternehmen schaffen.« (Stüdi, 2003)

Der Level-5-Leader schafft eine Arbeitsatmosphäre von Vertrauen und Offenheit, in der Mitarbeiter herausgefordert werden, Verantwortung zu übernehmen. Es geht bei erfolgreichen Führungskräften also nicht um Charisma, sondern um dienende Unternehmensleitung. Führungspersönlichkeiten haben das Privileg, dass sie Mitarbeitern und Kunden dienen dürfen. Beim amerikanischen Reinigungsunternehmen Servicemaster geschieht das wortwörtlich. Bei Treffen bedienen dort die Manager ihre Mitarbeiter. Die Eigenschaften, die dazu gehören, sind: ein großes

Engagement für die Organisation, Demut, Willensstärke und eine enorme Hingabe. Sie sind hart und deutlich, wenn es um Ergebnisse geht und sanft gegenüber der einzelnen Person. Es sind also nicht die Führungspersönlichkeiten, die in der Öffentlichkeit imponieren, sondern diejenigen, die als Vorbild für ihre Mitarbeiter fungieren.

In Abbildung 21 zeigen wir die scheinbar gegensätzlichen Merkmale eines Level-5-Leaders auf. Im Sinne der Freudepfeiler sorgt diese Person für Chancen und Herausforderungen, gibt Bestätigung und Anerkennung, ist offen und sorgt für Freiheiten und eine inspirierende Arbeitsumgebung.

Persönliche Demut		Professionelle Willenskraft
Ist bescheiden, meidet öffentliche Vergötterung, spuckt keine großen Töne.	und	Schafft hervorragende Ergebnisse. Ist der Katalysator im Übergang von einem guten zu einem großartigen Betrieb.
Geht ruhig, aber entschlossen vor, motiviert auf der Basis von Qualität statt Charisma.	und	Tut alles Notwendige, um das langfristig beste Ergebnis zu erzielen.
Richtet seine Ambitionen auf den Betrieb statt auf die eigene Person. Sorgt durch seine Aufmerksamkeit für eine neue Generation großartiger Manager.	und	Definiert den Standard für den Aufbau eines bleibend großen Betriebs, und gibt sich nicht mit weniger zufrieden.
Nimmt bei Versagen die Verantwortung auf sich und gibt anderen, externen Faktoren nie die Schuld.	und	Schreibt Verdienste anderer, dem Betrieb, externen Faktoren oder Glück zu.

Abbildung 21: Die scheinbar gegensätzlichen Merkmale eines Level-5-Leader

Level-5-Leaders sind in Deutschland sehr wichtig. Man sieht das zum Beispiel im Spitzensport, der dem Wirtschaftsleben oft eine Nasenlänge voraus ist. Jürgen Klinsmanns Ernennung zum neuen Bundestrainer der Fußballnationalmannschaft spricht Bände. Wir kennen Klinsmann als einen Mann, der klare und ehrgeizige Ziele hat. Er möchte zum Beispiel 2006 Fußballweltmeister werden. Gleichzeitig lebt er mit Menschen in seinem Team. Er ist also eine Persönlichkeit mit Level-5-Leadership-Merkmalen. Michael Ballack, Kapitän der Nationalmannschaft, sagt über ihn: »Jürgen verlangt viel, die Leistung steht absolut im Vordergrund. Aber er spult nicht nur stur sein Programm herunter oder kaserniert die Spieler.

Viele Trainer versuchen, mit bestimmten Maßnahmen von vornherein Kritik in den Medien zu vermeiden. Hinzu kommen seine Ideen in seiner Arbeit als Trainer, die von uns Spielern begeistert angenommen wurden. Unter Jürgen kommt man gern zur Nationalmannschaft, es macht einfach Spaß.«

Ein Level-5-Leader ist keine absolute Garantie für Erfolg, das ist ganz klar. Aber die Wirkung für das Selbstvertrauen im Team und die ersten Erfolge verdanken wir größtenteils der Art und Weise, wie zum Beispiel Klinsmann sein Team leitet.

Die Beschreibung eines Level-5-Leaders klingt logisch, genau wie die zugehörigen Ergebnisse. Aber so unkompliziert, wie es hier dargestellt wird, sind Menschen, und damit sind auch Manager gemeint, leider nicht. Jemand ist nicht einfach ein Level-5-Leader. Und längst nicht alle Manager sind es. Das zeigen die Studien des Führungsspezialisten Manfred Kets de Vries (1999). Für ihn gibt es einige Verhaltensweisen, die das Gegenteil bewirken und die man leider allzu oft bei Managern sieht. Zuallererst ist dies das »Liebt mich!«-Syndrom. Manche Leiter haben eine fast zwingende Neigung, beliebt sein zu wollen. Darum gehen sie Konflikten aus dem Weg und trauen sich nicht, Entscheidungen zu treffen. Zudem nennt Kets de Vries auch »sadistisches« Verhalten. Manchen Leitern scheint es Spaß zu machen, anderen auf die Füße zu treten, um ihnen damit zu zeigen, wer der Chef ist. Eine dritte zerstörerische Verhaltensweise ist das »Mikro-Management«. Diese Manager gehen zu Detailarbeit über, weil sie alles selbst machen wollen. Sie geben anderen keinen Raum und vertrauen ihnen nicht. Die vierte Verhaltensweise ist die auffälligste: Narzissmus. Dies sind Leiter, die sich nur für sich selbst interessieren, anderen keinen Raum geben und jungen Menschen nicht bei ihrer Entwicklung helfen können.

Jetzt werden Sie denken, dass dies doch etwas zu negativ klingt und dass sich dieses Verhalten in der Unternehmensführung mit bestens geschulten und entwickelten Managern wohl in Grenzen halten wird. Aber Kets de Vries behauptet kühn, dass 60 Prozent der leitenden Angestellten inkompetent und ineffektiv sind, hauptsächlich wegen dieser zerstörerischen Verhaltensweisen (&Samhoud, 2000). Sie kommen bei Managern demnach regelmäßig vor und sind absolut nicht mit der Level-5-Leadership zu vereinen, wie wir sie beschrieben haben. Wir sind uns im Klaren, dass die Ansprüche, die an einen Lustmanager gestellt werden, hoch sind. Darum wird es Zeit, einige Selbstuntersuchungen anzustellen und ein Beispiel zu studieren.

Checkliste: Bin ich ein effektiver Lustmanager?

Welche Voraussetzungen muss ein Manager erfüllen, um eine Kultur von Lust und Leistung zu schaffen? Laut Luis Huete, Dozent an der IE-SE Business School in Barcelona, sind die Grundbedingungen hundertprozentiger Einsatz, Ausdauer und ein starkes Managementteam. Ein potenzieller Manager muss also in anderen den Willen zum Einsatz wecken können und außerdem ein starkes Rückgrat haben. Aber das ist noch nicht alles. Wir raten potenziellen Lustmanagern, erst einmal nachzudenken und mit Freunden und Kollegen zu diskutieren. Als Hilfestellung haben wir eine Checkliste entwickelt. Kreuzen Sie jeweils an, ob Sie mit den unterschiedlichen Behauptungen übereinstimmen. Um Ihr Resultat zu berechnen, addieren Sie die Anzahl der Kreuze in einer Spalte. Das Ergebnis können Sie im unteren Teil der Tabelle eintragen. Anschließend vervielfachen Sie diese Summe mit dem jeweiligen Gewichtungsfaktor. Dieses Ergebnis schreiben Sie in das Kästchen darunter. Dann addieren Sie die unterschiedlichen Spalten und schreiben das Ergebnis in das Kästchen »Gesamtsumme«.

	Stimmt absolut nicht	Stimmt nicht	Stimmt teilweise	Stimmt	Stimmt völlig
Identität					
Ich vertraue darauf, dass Lust und Leistung einander stärken können.					
Ich vertraue meinen Mitarbeitern.					
Die Mitarbeiter haben einen eindeutigen Platz in der Identität und den Grundwerten der Organisation.					
Ich finde, dass unsere Organisation ihren Kunden Werte liefert.					

	Stimmt absolut nicht	Stimmt nicht	Stimmt teilweise	Stimmt	Stimmt völlig
Arbeitsfreude: **Werte für Mitarbeiter**					
Meine Mitarbeiter arbeiten gerne für mich: Ich verschaffe ihnen Arbeitsfreude.					
Ich weiß, was meine Mitarbeiter wollen und was ihnen wichtig ist.					
Ich sorge dafür, dass die Mitarbeiter ausreichend Feedback von den unterschiedlichen Parteien bekommen: Kunden, Vorgesetzte, Kollegen, Investoren.					
Ich gebe meinen Mitarbeitern Freiheiten.					
Ich bedanke mich bei Mitarbeitern, die mir positives oder negatives Feedback geben.					
Ich sehe es als meine Aufgabe, Mitarbeiter zu entwickeln.					
Ich bin bereit, die Lorbeeren eines erfolgreichen Betriebs zu teilen oder an andere abzugeben.					
Leistung: **Werte von Mitarbeitern**					
Ich weiß, wo die Organisation sich in fünf Jahren befinden soll.					
Ich weiß, womit Kunden zufrieden und weniger zufrieden sind.					

	Stimmt absolut nicht	Stimmt nicht	Stimmt teilweise	Stimmt	Stimmt völlig
Ich setze uns nicht nur finanzielle Ziele, sondern auch Mitarbeiter- und Kundenzufriedenheitsziele.					
Meine Mitarbeiter wissen genau, welche Ziele sie erreichen müssen und was von ihnen erwartet wird.					
Ich weiß, welche Mitarbeiter am wertvollsten und am wenigsten wertvoll sind.					
Ich gebe meinen Mitarbeitern ausreichend positives und negatives Feedback.					
Konsequenz					
Das Leitbild und die Grundwerte meiner Organisation sprechen mich an.					
Die Identität und die Grundwerte bleiben im Mittelpunkt, auch bei alltäglichen Problemen.					
Ich lebe sichtbar die Grundwerte der Organisation.					
Ich begebe mich regelmäßig ins »Getümmel« des echten Arbeitsprozesses.					
Ich habe regelmäßig Kontakt mit unseren Kunden.					

	Stimmt absolut nicht	Stimmt nicht	Stimmt teilweise	Stimmt	Stimmt völlig
Ich habe Einfühlungs-vermögen und einen Blick für die Kritik und die Komplimente, die ich bekomme.					
Ich bin geduldig genug, einen Plan konsequent und ausdauernd durchzusetzen.					
Gesamtsumme der Kreuze je Spalte:					
Gewichtungsfaktor	x 0,83	x 1,66	x 2,49	x 3,33	x 4,16
	=	=	=	=	=
Gesamtsumme pro Spalte x Gewichtungsfaktor					
Gesamtergebnis					

Das Gesamtergebnis wird anhand einer Skala von 1 bis 100 ausgewertet, wobei ein Ergebnis von 30 relativ niedrig und eines von 90 relativ hoch ist. Was bedeutet Ihr Ergebnis? Im Folgenden haben wir eine kurze Übersicht der Auswertung Ihres Ergebnisses zusammengestellt. Da es ein einfacher Test ist, können wir natürlich keine individuelle Beratung bieten, aber auch die relativ allgemeinen Ratschläge werden Ihnen vielleicht weiterhelfen.

0 bis 40 Punkte:

Dieses Ergebnis ist ziemlich enttäuschend. Besinnen Sie sich darauf, was Sie als Führungskraft wollen und was Sie dafür tun müssen. Fragen Sie dabei einen (Manager-)Kollegen, wo Sie am besten anfangen.

40 bis 60 Punkte:

Ganz ordentlich, aber noch nicht ausreichend. Vielleicht ist die Art und Weise, wie sie andere leiten, zu sehr von »Entweder-oder« geprägt: Lust *oder* Leistung, statt Lust *und* Leistung. Achten Sie vor allem auf die Fragen unter »Arbeitsfreude: Werte für Mitarbeiter« und »Leistung: Werte von Mitarbeitern«. Versuchen Sie, diese besser auszugleichen. Es kann aber auch sein, dass Sie die Value Profit Chain und Lustmanagement für wertlose Konzepte halten oder dass Sie diese nicht in ihre Organisation einbetten. Um dies zu überprüfen, schauen Sie sich vor allem die Fragen unter »Auffassung« an. Und um Ihr Ergebnis zu verbessern, überlegen Sie sich, wie Sie das »I« und das »L« des IDEAL-Modells aus dem vierten Kapitel auf Ihre Organisation übertragen könnten.

Vielleicht sehen Sie Lustmanagement zu sehr als Theorie und können es in der alltäglichen Praxis noch nicht umsetzen. Um dies herauszufinden, sehen Sie sich deshalb Ihre Ergebnisse unter »Konsequenz« an. Es wäre gut, eine Woche lang ein »Praktikum« bei einer Abteilung mit viel Kundenkontakt zu machen oder den Mitarbeitern dort einmal über die Schulter zu schauen. Prüfen Sie dabei, inwieweit Ihr Verhalten vorbildlich ist, und inwieweit die Organisationsstruktur und -kultur kundenorientiertes Verhalten fördert.

60 bis 80 Punkte:

Das sieht schon ganz gut aus, aber es gibt noch ein paar Punkte, die verbessert werden können. Vielleicht ist die Art und Weise, wie Sie Ihre Mitarbeiter leiten, die zu sehr von »Entweder-oder« geprägt ist: Lust *oder* Leistung, statt Lust *und* Leistung. Achten Sie vor allem auf die Fragen unter »Arbeitsfreude: Werte für Mitarbeiter« und »Leistung: Werte von Mitarbeitern«. Versuchen Sie, diese besser auszugleichen. Vielleicht ist Lustmanagement für Sie noch zu theoretisch und Sie sind zu wenig mit Ihren Mitarbeitern in Berührung gekommen, um zu wissen, was sich dort abspielt. Um dies herauszufinden, sehen Sie sich die Fragen unter »Konsequenz« an. Es wäre gut, eine Woche lang ein Praktikum bei einer Abteilung mit viel Kundenkontakt zu machen oder den Mitarbeitern dort einmal über die Schulter zu schauen. Eine andere Möglichkeit ist, dass Sie bei allen Teilen der Checkliste (Auffassung, Arbeitsfreude, Leistung und Konsequenz) im Durchschnitt gut abschneiden. Dann ist es schwer, Ihnen einen Rat zu geben. Sehen Sie sich dann die Fragen an, bei denen Ihr Ergebnis relativ niedrig ist, und überlegen Sie gemeinsam mit einem (Manager-)Kollegen, wie er Ihr Verhalten in diesen Punkten einschätzt und wo Sie sich noch entwickeln können.

80 bis 100 Punkte:
Ausgezeichnet. Wir sind auf die Ergebnisse Ihrer Organisation oder Ihrer Abteilung gespannt!

In unserer Beratungspraxis kommen wir regelmäßig mit Managern in Kontakt, die vom Konzept Lustmanagement angetan sind. Sie sind nicht nur von einer Idee begeistert und gehen dann wieder zur Tagesordnung über. Im Gegenteil, sie verwirklichen diese Idee auch tatsächlich. Einer dieser Manager ist Helen de Jong. Im folgenden Fall wird klar, wie die in diesem Kapitel analysierten Merkmale bei ihr funktionieren.

Fallstudie: Ein effektiver Lustmanager

Vor etwa zwei Jahren wurde Helen de Jong Managerin des Kunden-Kontakt-Centers (KKC), einer Organisation mit ungefähr 200 Mitarbeitern. KKC ist eine Abteilung der Nederlandse Spoorwegen (NS). NS ist der Deutschen Bahn AG sehr ähnlich, eine große Organisation, auf dem Weg von einer Behörde zu einem kundenorientierten Unternehmen. KKC beantwortet Fragen, gibt Informationen und bearbeitet Beschwerden von Kunden der NS. Die Fragen gehen auf unterschiedlichen Wegen ein, durch Briefe, E-Mails oder telefonisch. Helen leitete das Front- und das Back-Office. Wie ist sie mit Lustmanagement umgegangen?

Ich habe eigentlich mit Performance Management angefangen. Als ich unser Callcenter betrat, sah ich einen großen Bildschirm an der Wand. Das sieht man in vielen Callcenters. Aber als ich auf diesen Bildschirm schaute, fiel mir etwas auf: Während die meisten Callcenters alle wichtigen Informationen, wie die durchschnittliche Wartezeit der Kunden, die durchschnittliche Gesprächsdauer, den Anteil der Probleme, die sofort gelöst werden konnten, zeigten, war das bei KKC nicht der Fall. Ich sah einzig und allein die Anzahl beantworteter Anrufe. Ich konnte nichts über das Serviceniveau herausfinden. Ich fragte, warum keine anderen Indikatoren zu sehen waren, die etwas über das Serviceteam aussagten. Ich bekam zur Antwort, dass dies zu demotivierend für die Mitarbeiter sei. Das Serviceniveau war viel zu niedrig, und man war der Meinung, dass wir das nicht sichtbar machen sollten, weil das zu entmutigend gewesen wäre. Ich fand, dass wir die Zahlen wohl zeigen mussten, denn dann würde es auch sichtbar werden, wenn sich der Service verbessern würde.

Es stimmt, dass unsere Mitarbeiter es ganz schön schwer hatten. Die Arbeit in unserem Callcenter war nicht gerade ein Vergnügen, denn man hatte ständig klagende Kunden am Apparat. Wenn jemand einmal ein Kompliment von einem Kunden bekam, war das die große Ausnahme. Das behielt man dann auch für sich. Unsere Mitarbeiter sitzen auch höchstens vier Stunden am Telefon, mehr ist einfach nicht zu leisten. Nach diesen vier Stunden verrichten sie weniger aufreibende Arbeiten, zum Beispiel Briefe und E-Mails beantworten.

Die Mitarbeiter des KKC waren motiviert. Sie waren sicher mit Herz bei der Sache. Aber sie waren eine stark hierarchische, politische, misstrauische Unternehmenskultur gewöhnt. Ich war gerade erst Manager, als einige Mitarbeiter mit einer Unterschriftensammlung vor meinem Schreibtisch standen. Warum? Die Klimaanlage war kaputt, und nun hatten sie eine Unterschriftenaktion organisiert, um dafür zu sorgen, dass eine neue installiert würde. Diese Situation demonstriert, wie die Unternehmenskultur war: sehr hierarchisch, mit einem Manager, der ständig zeigte, dass er der Boss war. Ich habe zuerst die Unterschriftensammlung vor ihren Augen weggeworfen, habe anschließend ein Gespräch mit ihnen angefangen und gesagt, dass wir zusammen, als Kollegen, auf ein Ziel hinarbeiten müssen. Ich will, genau wie sie, auch Arbeitsfreude haben und Ergebnisse erreichen. So hat es angefangen. Später haben wir auch darüber gesprochen, wie wir miteinander umgehen wollen, welche Ziele wir uns setzen und wie wir unsere Leistungen und uns als Mitarbeiter verbessern können.

Als ersten Schritt habe ich eine Umfrage initiiert, in der es um die Zufriedenheit der Mitarbeiter ging. Ich wollte wissen, wie Mitarbeiter bestimmte Dinge sehen, um anschließend Gespräche mit ihnen zu führen und Verbesserungen in Gang zu setzen. Wir führen eine solche Umfrage inzwischen etwa viermal pro Jahr aus. Das erste Mal war die Teilnahme sehr gering, viel geringer als die 70 Prozent, die BetterBeYourself als Grenze setzt. Der heikle Punkt war die Wahrung der Anonymität. Die Mitarbeiter glaubten nicht, dass die Umfrage anonym war, weil Fragen über Geschlecht und Alter gestellt wurden. Inzwischen haben sie erkannt, dass die Anonymität tatsächlich gewahrt bleibt, und die Teilnehmerzahlen steigen stetig.

Um die Ergebnisse der Umfrage zu besprechen, habe ich freiwillige »Runde Tische« eingeführt. Die Mitarbeiter können dabei selbst entscheiden, ob sie teilnehmen wollen. Der erste Runde Tisch verlief relativ zäh. Ich habe damals die Parole ausgegeben: »Ich sitze hier nicht, um euch zu überzeugen. Im Gegenteil, ich sitze hier, um von euch zu lernen.« Das ist sowieso meine persönliche Managementphilosophie. Ich muss von jedem etwas lernen, egal welches Wissen oder welches Alter der andere hat. Ich bin noch jung, ich habe noch nicht so viel Erfahrung wie die Mitarbeiter des KKC. Wir müssen voneinander lernen. Ich kann etwas von ihnen lernen, und sie von mir. Ich sehe bei meinen Mitarbeitern oft einen Mangel an Selbstvertrauen. Viele haben zu geringe Selbstachtung und finden sich selbst nichts wert. Das ist sehr schade. Und darum will ich auch gerne den Menschen, für die ich verantwortlich bin, weiterhelfen, obwohl ich selbst natürlich noch viel lernen muss. Einen der KKC-Mitarbeiter, der vorher Zeitungsjunge war, habe ich stark aus der Reserve gelockt: »Du bist viel intelligenter, als du denkst!« Ich habe ihm geraten, in den Betriebsrat zu gehen, damit er entdeckt, was noch alles in ihm steckt.

Trotzdem benötigten die Mitarbeiter eine Eingewöhnungsphase. Sie waren jemanden wie mich nicht gewöhnt. Ich bin hart auf der Ergebnisseite und sanft, wenn es um Beziehungen geht. Die meisten Mitarbeiter sind »Entweder-oder« gewöhnt: einen Manager, der immer nett sein möchte, aber einen organisatorischen Saustall veranstaltet. Oder einen eiskalten Manager, der den Mitarbeiter kaum als Menschen sieht. Aus der alten KKC-Unternehmenskultur heraus müssen die Leute sich immer noch umgewöhnen. Manchmal merke ich, dass immer noch das Gefühl vorhanden ist, dass ich etwas vor ihnen verberge. Ich muss Ausdauer haben und zeigen, dass es mir Ernst ist und dass ich auch tue, was ich sage.

Die Konsequenzen bleiben nicht aus. Einige Abteilungen innerhalb des KKC bekamen bei der ersten Mitarbeiterbefragung die Note 6,8 auf einer Skala von 1 bis 10. Inzwischen ist das eine 7,4 oder 7,6. Ich will in Kürze die Häufigkeit der Umfragen auf dreimal im Jahr reduzieren.

Nach jeder Befragung organisieren wir immer noch einen Runden Tisch. Daraus entstehen konkrete Handlungspunkte, die wiederum zu verbessertem Service und mehr Arbeitsfreude führen. Jedes Mal sprechen wir ein bis zwei Punkte an, mehr nicht. Als Erstes haben wir uns die Schulungen vorgenommen, denn die Mitarbeiter waren damit nicht zufrieden. Daraufhin haben wir zwei Mitarbeiter freigestellt, um unsere eigenen Schulungen zu entwickeln. So können wir unsere speziellen Kenntnisse und Erfahrungen auf Andere übertragen. Auch als wir die ganze Organisation verkleinern mussten, habe ich daran nichts geändert, so dass die Mitarbeiter mit der Entwicklung unserer Schulungen weitermachen konnten, weil dies ein wichtiges Thema ist. Aber auch, weil ich ein Zeichen setzen wollte: Es ist uns Ernst, womit wir hier begonnen haben. Ein zweites Problem, dass wir angepackt haben, ist die so genannte Fließbandarbeit. Wir haben unterschiedliche Aufgaben in Einheiten gegliedert, damit die Mitarbeiter in ihrem eigenen Tempo in eine Aufgabe hineinwachsen können. Früher bekamen die neuen Mitarbeiter eine viermonatige Schulung. Inzwischen haben wir das auf Wunsch unserer Mitarbeiter besser verteilt. Wir beobachten auch weiterhin die Zufriedenheit bei Themen, die wir bereits angegangen sind. So hat sich gezeigt, dass die Zufriedenheit über die Schulungen nicht so stieg, wie wir es gerne wollten. Als wir darüber sprachen, kam heraus, dass die Mitarbeiter auch ab und zu an einer Schulung »außer Haus« teilnehmen wollten. Sie wollten auch einmal etwas »Ungewöhnliches«, eine Art Geschenk. Das tun wir inzwischen mit dem Kurs »Umgang mit Widerstand«. Dem Teammanager des KKC müssen drei Dinge am Herzen liegen: die Servicequalität, die Kundenzufriedenheit und die Mitarbeiterzufriedenheit. Was das Serviceniveau angeht: Früher wurden 24 Prozent der Anrufe innerhalb von 30 Sekunden angenommen. Inzwischen sind das 68 Prozent. Wir sind noch nicht am Ziel, aber wir gehen in die richtige Richtung. Was die Kundenzufriedenheit angeht: Wir haben gerade angefangen, diese regelmäßig zu messen. Und seit einiger Zeit bringen wir in Form einer Kundenarena Mitarbeiter mehr in Kontakt mit Kunden. Das ist vor allem für die Mitarbeiter, die selbst keinen direkten Kundenkontakt haben, wichtig. Die Kundenarenen haben gezeigt, dass Kunden nicht nur eine, sondern auch eine schnelle Antwort haben wollen. Direkt im Anschluss begannen deshalb die Mitarbeiter bei der Beantwortung der Kundenanfragen zwischen Schnelligkeit und Qualität abzuwägen. Wir packen das jetzt zusammen an, während ein solches Thema früher etwas war, wozu nur der Boss etwas zu sagen hatte und worüber die Mitarbeiter demzufolge murrten. Der Krankheitsausfall bei den Mitarbeitern ist von 18 auf 10 Prozent gesunken. Die Zufriedenheit ist, wie bereits gesagt, auch gestiegen. Wir sind zwar noch nicht am Ziel, aber wir gehen in die richtige Richtung, vor allem, wenn man bedenkt, dass in der Zwischenzeit eine Reorganisation der Nederlandse Spoorwegen stattgefunden hat.

Trotzdem muss ich als Lustmanager auch harte Maßnahmen treffen. Ich bin zum Beispiel dabei, die Teamleitung des Back Office zu ersetzen. Die Leute leiten nicht anhand von Zahlen und Ergebnissen, sondern einfach aus dem Bauch heraus. Außerdem gibt es noch viel Unruhe in der Abteilung. Es wird viel gelästert, wobei das Management einseitig Partei ergreift und das Problem nicht löst. Und das ist weder für die Organisation noch für die Mitarbeiter und die Kunden gut. Ich bin nun selbst eine Art Interimsleitung für das Back Office. Jede Woche führe ich mit den Mitarbeitern ein Morgengespräch über die Themen: Was machen wir diese Woche? Wer tut was? Gibt es noch Probleme? Jetzt erst entdecke ich die Probleme, die schon lange eine Rolle spielten, aber die die damalige Leitung immer vor mir verschleiert hatte. Nun werden die Probleme von den Mitarbeitern selbst gelöst. Ich bin nur ein letztes Machtmittel.

Ob dieser Erfolg langfristig ist? Ja, wenn ich weggehe, bleibt das KKC erfolgreich. Davon bin ich überzeugt. Inzwischen organisieren die Teammanager nämlich ihre eigenen Runden Tische, weil sie es selbst auch wichtig finden. Sie führen die Verbesserungen selbst durch. Inzwischen denken sie auch über 360°-Feedbackbeurteilungen nach. Ich habe damit nichts zu tun, es ist einfach entstanden. Ich muss mich natürlich schon als Vorbild verhalten, auch in ganz konkreten Dingen. Ich sorge dafür, dass ich selbst den ersten Runden Tisch ins Leben gerufen habe und dass ich als Erste die Ausarbeitung davon fertig habe. Ich will Menschen etwas mitgeben, damit sie selbst weitergehen können. Sie bekommen von mir die Freiheit, das auf ihre eigene Art zu tun. Und wenn sie einmal so weit sind, bleibt der Erfolg auch bestehen. Auch wenn ich weg bin. Außer wenn mein Nachfolger sagt: »Das finde ich alles Unsinn.«

Dieser Fall zeigt, mit welcher Motivation Helen an ihre Rolle als Managerin herangeht. Hart, wenn es um Ergebnisse geht, sanft, wenn es um Menschen geht, indem sie persönliche Anteilnahme zeigt, Bestätigung gibt, Offenheit und Vertrauen schafft. Dabei wendet sie auch verschiedene Instrumente an, die bereits angesprochen wurden, zum Beispiel die Balanced Scorecard, Kundenforen und Partizipationsstrukturen. Es fällt auf, dass diese Instrumente funktionieren, weil Helen konsequent vorgeht und Ausdauer zeigt. Hat Helen auch Freude an der Arbeit? Helen: »Absolut. Wir arbeiten in einem netten Team. Kollegen werden Freunde, und gleichzeitig steigen die Umsätze. Von meinem Coach habe ich gelernt, nicht nur die Erfolge zu genießen, sondern gerade auch die kleinen Dinge. Früher dachte ich eher »wie kann ich punkten«. Aber jetzt, wo ich mehr genieße und mich mit kleinen Dingen zufrieden gebe, bin ich innerlich ruhiger geworden. Dadurch kann ich anderen mehr geben. Ein KKC-Mitarbeiter mit einem Hauptschulabschluss traute sich erst nicht, sich für eine Stelle mit Realschul-Niveau zu bewerben. Jetzt traut er es sich zu. Diese Woche hat er mir seine Bewerbung gezeigt. Das ist schön.«

Rückschau und Vorausblick

Um Lustmanagement zum Erfolg zu bringen, müssen Sie einige Eigenschaften in sich vereinen. An erster Stelle stehen für Sie die Organisation, die Kunden und die Mitarbeiter im Mittelpunkt und nicht Ihr eigenes Ego. An zweiter Stelle müssen Sie herausfordernde Ziele formulieren und intolerant sein, wenn jemand nicht im Interesse der Organisation oder der Kunden handelt.

Diese Kombination von Eigenschaften sehen wir bei mehreren Managern, die in ihren Organisationen langfristigen Erfolg verwirklicht haben. Das haben die verschiedenen Fälle in diesem Kapitel gezeigt, zum Beispiel die von Jack Welch und Helen de Jong, aber auch die Managementliteratur von Jim Collins. Trotzdem hat sich herausgestellt, dass die Kombination von persönlicher Demut und professioneller Willenskraft nicht so einfach ist. Manager geraten regelmäßig in bestimmte Fallgruben, zum Beispiel Narzissmus, Mikromanagement oder das »Liebt mich!«-Syndrom. Darum ist es gut, wenn Manager ihre eigenen Stärken und Schwächen analysieren, indem sie eine Checkliste ausfüllen. Und weil wir denken, dass die Checkliste genug Stoff zum Nachdenken gibt, schließen wir dieses Kapitel nicht mit den üblichen Fragen ab.

Es gibt noch mehr Manager, die sich mit Lustmanagement beschäftigen. Menschen, die die Philosophie der Value Profit Chain in ihrer eigenen Organisation anwenden. Das nächste Kapitel beschreibt einen Fall, in dem Lustmanagement und die Value Profit Chain konsequent angewendet werden.

7
Freude schöner Götterfunken ...
Der Weg einer Organisation
zum Lustmanagement

Gibt es überhaupt Lustmanager? Und kann man Lustmanagement verwirklichen? Führt es zum Erfolg? In den letzten Kapiteln haben wir diese Fragen behandelt, und die Antwort war ja. Wir haben sowohl die Theorie als auch die Praxis kennen gelernt.

In diesem Kapitel verfolgen wir den Weg von Zwitserleven (Swiss Life Niederlande) zum Lustmanagement. Diese Organisation wurde von
uns beraten und das Beispiel zeigt, wie eine Organisation, bei der alle Sig-
nale auf >>rot<< stehen, erfolgreich die Prinzipien der Value Profit Chain
und des Lustmanagements anwendet. Auffallend bei diesem Beispiel ist,
dass auf der einen Seite der Kunde bei der Verbesserung der Arbeitsfreude und der Leistung eine große Rolle spielt, und dass andererseits die

Lust & Leistung, Salem Samhoud, Hans van der Loo, Jeroen Geelhoed
Copyright © 2005 WILEY-VCH Verlag GmbH & Co. KGaA, Weinheim
ISBN: 3-527-50138-X

Veränderungen hauptsächlich auf eine Verbesserung der Leistungen gerichtet waren. Allein die Art, *wie* dies vor sich ging, ist reines Lustmanagement.

Die Kernbotschaft dieses Falls ist, dass Organisationsentwicklung durch individuelle Entwicklung verwirklicht wird. Gleichzeitig wird die Richtung, in die sich die Organisation bewegen muss, vom Kunden bestimmt.

Einleitung

Zwitserleven, eine Tochter der europäischen Versicherungsgesellschaft Swiss Life Holding, verkauft über Vermittler Privatleuten und Betrieben Pensionen und Hypotheken. Das Unternehmen wurde 1900 gegründet, seitdem ist es auf 750 Mitarbeiter angewachsen und hat in den Niederlanden einen hohen Bekanntheitsgrad. Bereits seit 20 Jahren wirbt die Organisation mit dem »Zwitserleven-(Schweizer Lebens-)Gefühl«, einem Begriff, der für das unbeschwerte Genießen der Rente steht. Dieser originelle Slogan hat zu einer enormen Bekanntheit des Namens geführt. Das »Zwitserleven-Gefühl« ist in den Niederlanden mittlerweile ein feststehender Begriff. Sogar Premierminister Balkenende hat den Begriff in einer seiner Reden vor dem Parlament benutzt. Das Markenimage von Zwitserleven war also kein Problem. Leider war die interne Situation bis vor kurzem noch nicht so rosig. Aber ein neuer Direktor sah Möglichkeiten für einen Neuanfang.

›Wir möchten keine traditionelle Reorganisation!‹

Wir befinden uns im Jahr 2002, und an der Spitze von Zwitserleven bewegt sich etwas. Marco Keim, ehemaliger Direktor der Abteilung Marketing & Sales, wird Vorstandsvorsitzender von Zwitserleven. Er ist relativ jung, eifrig, ehrgeizig und ergebnisorientiert. Außerdem hat er so seine eigenen Vorstellungen, wie er bestimmte Ziele erreichen will. Nicht mit Sanierungen und auch nicht durch eine Reorganisation einiger Prozesse, sondern indem die Mitarbeiter sich entwickeln können. Und er befindet sich jetzt an der Stelle, wo er seine Ideen verwirklichen kann.

Es ist ganz klar, was mit der Organisation geschehen muss. Der Versicherungsmarkt hat sich jahrelang auf seinen Lorbeeren ausruhen können. Die Gewinne aus den Kapitalanlagen brachten genug ein. Aber nach einem zeitweiligen Höhenflug nahm dies ab, so dass Rentenversicherungsgesellschaften von nun an viel wirtschaftlicher operieren müssen.

Eine andere Entwicklung, die an dem Unternehmen vorbeigegangen war, war das neue Selbstbewusstsein der Konsumenten. Sie waren mit dem Service der Versicherungsgesellschaften nicht mehr zufrieden und zeigten das immer deutlicher. Das Engagement der Mitarbeiter nahm ab – ein allgemeiner Trend in dieser Branche, dem Zwitserleven sich nicht entziehen konnte. Es kam regelmäßig vor, dass ein Kunde selbst zur Hauptgeschäftsstelle von Zwitserleven kam, um sich beim Topmanagement persönlich über mangelnden Service zu beschweren.

»Das werde ich ändern, aber wir werden keine traditionelle Reorganisation starten, mit der wir nur die Kosten senken. Das bringt uns keine dauerhafte Verbesserung. Wir müssen unsere Leute entwickeln und dadurch ständig bessere Resultate liefern«, so Marco Keim, der für diesen Plan auch die Zustimmung der Zentrale in Zürich bekam.

Die Rentenversicherungsgesellschaft der Niederlande

Zunächst wird eine gründliche Analyse durchgeführt: Kennzahlen werden analysiert. Kundenzufriedenheitsstudien werden untersucht. Mitarbeiterumfragen werden ausführlich studiert. Kunden und auch Konkurrenten werden befragt. Alle Interviews werden auf Video aufgenommen und von der Direktion angesehen und diskutiert. Das gesamte Management erkennt die Dringlichkeit: »Es muss viel geschehen. Was wollen wir erreichen? Und wie wollen wir das erreichen?« Das ist die zentrale Frage, auf die sich der Vorstand und das Management einlassen mussten. Das Ergebnis lautete: Wir wollen *die* Rentenversicherungsgesellschaft der Niederlande sein. Und wir denken, dass wir dies erreichen, indem wir auf dem Gebiet der Kundenzufriedenheit die Nummer eins werden. Die Wünsche von Kunden und Mitarbeitern zeigen uns, dass fünf strategische Themen ganz wichtig sind, um dieses Ziel zu erreichen: Kundenzufriedenheit, fähige Leute, eine Leistungskultur, optimale Kommunikation und optimale Prozesse. Das ganze Management glaubt an diese Strategie und ist sich einig. Jetzt wird es Zeit, auch alle anderen Mitarbeiter mit einzubeziehen.

Beim ersten Treffen mit allen 800 Mitarbeitern gibt Marco Keim seinen Standpunkt zu Zwitserleven bekannt: »Ich habe gemischte Gefühle.

Auf der einen Seite platze ich vor Stolz auf Zwitserleven. Auf unsere Produkte. Unsere Marke. Auf der anderen Seite bin ich auf unsere Resultate und die Zufriedenheit unserer Kunden alles andere als stolz. Wir wissen schon seit langem, dass unsere Kunden nicht zufrieden sind, aber wir haben nichts getan. Das muss sich ändern. Wir wollen die Rentenversicherungsgesellschaft der Niederlande werden. Das ist unser Ehrgeiz. Das heißt, dass wir 2005, verglichen mit unseren Konkurrenten, die Nummer eins auf dem Gebiet der Kundenzufriedenheit sein wollen.« Dieses gewagte Ziel führte zu vielen Reaktionen, bis hin zu der Bemerkung »Der spinnt wohl!«. Aber im Allgemeinen wurden die Pläne von den Mitarbeitern enthusiastisch aufgenommen. Viele von ihnen sahen, dass Zwitserleven sich auf dem falschen Weg befand, und waren froh, dass sich endlich etwas tat. Danach wurden die fünf wichtigsten Themen genannt, die dazu beitragen sollten, dass Zwitserleven auch tatsächlich *die* Rentenversicherungsgesellschaft der Niederlande werden würde. Das erste Thema lautete *Kundenzufriedenheit* verbessern. Dies musste mithilfe der anderen strategischen Themen verwirklicht werden: *fähige Leute, eine Leistungskultur, optimale Kommunikation* (sowohl den Kunden gegenüber als auch intern), und *schnell, einfach, beim ersten Mal gut* (optimierte Prozesse schaffen).

Zwitserleven hatte sich zum Ziel gesetzt, diese fünf Themen beim ersten Treffen in Bild, Ton und Gefühl zu übertragen, um die Mitarbeiter von der Dringlichkeit zu überzeugen. Dieser einzigartige Moment fand im Direktionsflügel statt. Nachdem sie sich die Ideen ihres neuen Leiters angehört hatten, gingen die Mitarbeiter mit ihrer Abteilung in die unterschiedlichen Direktionszimmer. In jedem dieser Zimmer stand ein Thema im Mittelpunkt. Ein Mitarbeiter erzählt:

> Alle Direktionszimmer waren leer. Die schicken Möbel standen in irgendeiner Ecke, und jedes Büro war ganz im Stil eines der fünf Themen eingerichtet. Auf großen Tafeln an der Wand hingen bestimmte Zahlen. Wir konnten Videos mit Bemerkungen von Kunden *sehen* und Fragmente von Telefongesprächen mit Kunden *hören*. Das gab einen guten Eindruck. In jedem Zimmer erklärte einer der Vorgesetzten etwas zum jeweiligen Thema, das anschließend diskutiert wurden:

- Warum wird dieser Aspekt eigentlich thematisiert?
- Was können wir daran machen?
- Wie wollen wir das machen?
- Wann fangen wir an, und von wem wollen wir dabei Hilfe bekommen?
- Was bedeutet das Ganze für unsere Abteilung?

Ich hatte so etwas noch nie erlebt. Ich war auch noch nie im Direktionsflügel des Gebäudes gewesen. Früher war dieser Gang für die Mitarbeiter verschlossen, und man musste erst klingeln. Dann kam jemand um zu fragen, was man wollte. Für mich war das alles völlig neu. Endlich ändern sich die Dinge, es wird wieder dynamisch.

Nach den Diskussionen in den unterschiedlichen Direktionszimmern kamen alle Mitarbeiter wieder zusammen, und es fand eine große Diskussion statt.

»Wer glaubt, dass wir es schaffen werden?« 10 Prozent der Mitarbeiter stehen auf. Es herrscht eisige Stille. »Wer glaubt es absolut nicht?« Wieder stehen 10 Prozent auf. Danach findet eine heiße Diskussion über die Zukunft von Zwitserleven statt. Drei Wochen später sind die Projektpläne für die fünf Themen fertig, eine enorme Teamleistung! Es ginge zu weit, hier alle Details des Änderungsprozesses zu beschreiben. Darum beschränken wir uns auf die Kernaussagen, die außerdem auch von der in diesem Buch aufgezeigten Theorie von Lust und Leistung her erkennbar sind.

Offenheit erleben

Um den strategischen Themen *Kundenzufriedenheit* und *optimale Kommunikation* auch einen Inhalt zu geben, wird der Abstand zwischen den Kunden und den Mitarbeitern radikal verkleinert. Mit anderen Worten: Der Kunde wird so viel wie möglich integriert, weil man von direktem Feedback von Kunden am meisten lernt, aber auch, um Kunden in den Verbesserungsprozess einzubeziehen. Bei einem der Managementtreffen entsteht die Idee, Teams aus Managern und Mitarbeitern zu bilden, die eine bestimmte Kundengruppe »adoptieren« und sich um die Belange einer bestimmten Anzahl von Kunden kümmern. Die Teammitglieder nehmen in regelmäßigen Abständen Kontakt zu den Kunden auf, um sie zu fragen, wie ihrer Meinung nach die Zusammenarbeit mit Zwitserleven verläuft. Wenn es Komplimente, Bemerkungen oder Beschwerden gibt, leiten die Teammitglieder diese weiter oder sorgen dafür, dass die Probleme, die der Kunde hat, schnell gelöst werden.

Dieser »Kundenadoptionsplan« wird enthusiastisch aufgenommen, und die Mitarbeiter fühlen sich besonders verantwortlich für ihre Kunden, weil sie sich auch dem Team gegenüber verantwortlich fühlen. Außerdem werden mehrere Kundenarenen organisiert (vgl. Kapitel 5), in denen die Kunden mit den Mitarbeitern über das Serviceverhalten von Switserleven und die Fortschritte im Veränderungsprozess diskutieren. Diese Arenen verschaffen Einblick in die Meinung der Kunden über Zwitserleven und in die Punkte, die konkret verbessert werden müssen. Auf die Frage »Was hat dich am meisten getroffen?«, antwortet ein Mitarbeiter: »Zwei Dinge. Zuallererst die direkte Konfrontation mit dem Kunden, und dass man so direkt auf das angesprochen wird, was positiv oder negativ auffällt. Und zweitens die positive Haltung der Vermittler. Sie strahlen Vertrauen aus und zeigen, dass sie glauben, dass wir das Ganze wieder in Ordnung bringen können.«

Nach einem Meeting beschlossen einige Manager spontan, am Wochenende das gesamte Gebäude mit Postern und Logos ihrer Kunden zu tapezieren. Die ganze Organisation musste in die Welt des Kunden eintauchen. Als die Mitarbeiter am Montag zur Arbeit kamen, hingen überall große Poster mit ihren Kunden darauf, selbst von den Tabletts in der Kantine strahlten ihnen deren Gesichter entgegen. Außer dass diese Poster lustig und informativ sind, zeigen sie auch, dass die Kunden wirklich einen Platz in der Organisation bekommen haben. Und weil Kommunikation eines der wenigen Elemente ist, in denen Zwitserleven sich wirklich von der Konkurrenz unterscheiden kann, besuchen alle Mitarbeiter Kurse wie »Schreiben mit Gefühl« und »Kommunizieren mit Gefühl«. Alles, was Zwitserleven nach außen weitergibt, wird jetzt vom Zwitserleven-Gefühl (sprich: persönlich, warm und einfühlsam) geprägt. Aber auch intern wird alles getan, um die Ergebnisse und Fortschritte des Änderungsprozesses öffentlich zu verwirklichen und zu besprechen. Eine Gruppe mit dem Namen »Junge Hunde« wird gegründet, das sind junge, begeisterte Mitarbeiter von Zwitserleven, die sich zusammentun, um etwas zu erreichen. Außerdem gibt es eine Gruppe, die sich »Good-Old-Days-Mitarbeiter« nennt. Das sind ältere Manager, die einen großen Erfahrungsschatz und ein Herz für die Organisation besitzen und das Managementteam beraten. Zweimal im Jahr treffen sich diese Gruppen mit der Direktion, um über den Fortschritt des Veränderungsprozesses zu diskutieren. Durch all diese Formen von Offenheit, einer der Freudepfeiler, innerhalb der Organisation entsteht ein Gefühl dafür, was die Mitarbeiter, die Kunden, die Manager und das Managementteam wichtig finden.

Zielsetzung im Turbogang

Eine Bemerkung, die das Management von den Mitarbeitern zu hören bekam, lautete:»Wenn Zwitserleven *die* Rentenversicherungsgesellschaft der Niederlande werden soll, dann seht zu, was jeder Einzelne und jedes Team persönlich dazu beitragen können, um dieses Ziel zu verwirklichen.« Mit anderen Worten: Auf unterschiedlichen Organisationsebenen mussten Ziele definiert werden. Gleichzeitig mussten diese Ziele auch aufeinander abgestimmt werden, damit die Summe der Einzelziele das Resultat von ganz Zwitserleven widerspiegelte. Deshalb wurden auf vier Gebieten Ziele definiert: Kundenzufriedenheit, Mitarbeiterzufriedenheit, Produktivität und das Netto-Ergebnis. Innerhalb von zwei Monaten mussten alle Ziele, von der Unternehmensebene bis zum einzelnen Mitarbeiter festgelegt sein. Im Rahmen von Workshops bestimmen erst die Managementteams, danach die einzelnen Abteilungen, dann die Teams pro Abteilung und schließlich die einzelnen Mitarbeiter ihre Ziele. Dabei wird ständig die Frage gestellt:»Wozu trägt dieses Ziel etwas bei?« Nun ist es bei der Definition von Zielen oft so, dass man sich zu viel vornimmt. Deshalb konzentriert sich jeder Mitarbeiter auf höchstens drei Ziele, die dann später in einer Beurteilung, ob diese Ziele erreicht wurden, wieder auftauchen. Da die Ziele in kurzer Zeit in Workshops bestimmt werden, wissen nun alle Mitarbeiter auf allen Ebenen, was von ihnen erwartet wird, so dass auch klar ist, *warum* und *wie* die Organisation gelenkt und beurteilt wird. Auf diese Art wird der Aspekt»Lenkung« des IDEAL-Modells konkretisiert. Die Beschäftigung mit den Zielen zeigt außerdem auch, was jeder persönlich zum Ganzen beiträgt, was man als Einzelner tun kann, um das Leitbild von Zwitserleven, *die* Rentenversicherungsgesellschaft der Niederlande zu werden, zu verwirklichen. Der Gedanke, der hier zugrunde liegt, lautet, dass eine Organisation, die sich ändern will, erst das Verhalten der einzelnen Mitarbeiter ändern muss. Danach ändert sich die Organisation wie von selbst. Ein Mitarbeiter sagt hierzu:»Die Feststellung, dass es sich auf ganz Zwitserleven auswirkt, wenn ich meine persönlichen Ziele nicht erreiche, hat mir die Augen geöffnet. Das bedeutet nämlich, dass meine eigene Arbeit nicht unwichtig ist. Ob ich zum Beispiel einen Versicherungsantrag direkt ohne Fehler verarbeite, beeinflusst die Produktivität meines eigenen Teams, aber indirekt auch die Kundenzufriedenheit anderer Teams. So hatte ich das noch nie gesehen.«

Beurteilung und Entwicklung

Wenn man sich als Organisation und als Mitarbeiter Ziele setzt, heißt das auch, dass man prüft, ob man diese Ziele erreicht hat. Es geht dabei um die Beurteilung, die Abschätzung im IDEAL-Modell.

Dazu Marco Keim: »Wir bestehen als Organisation seit hundert Jahren. Und in diesen hundert Jahren haben wir unsere Mitarbeiter nie gut beurteilt. Was die Beurteilung angeht, hatten wir eine echte C-Kultur. Wir verwenden nämlich eine Notenskala von A bis E, wobei A sehr gut und E ungenügend ist. Folglich bekamen die meisten Mitarbeiter ganz einfach ein C. Alles lief »ganz okay«, »ein bisschen« reichte schon. Bei jeder Beurteilung bekam der Mitarbeiter eine kleine Gehaltserhöhung. Und alle waren zufrieden. Das müssen wir ändern. Die Mitarbeiter müssen fair beurteilt werden, basierend auf ihrem Wert für das Unternehmen. Wir müssen dabei besser differenzieren. Wir haben einen Test mit den folgenden Fragen durchgeführt: »Stell dir vor, du bekommst als Beurteilung ein C. An welche Zeugnisnote denkst du dabei?« Die Antworten waren ganz unterschiedlich: Für den einen ist es eine vier bis fünf, für den anderen eine zwei. Das zeigt, welche unterschiedlichen Vorstellungen man bei der Beurteilung hat. Der eine ist mit einem C zufrieden, der andere absolut nicht. Wir sind also auf die Zeugnisnoten von eins bis sechs umgestiegen.« Die Änderung des Beurteilungssystems, wobei eine andere Skala gewählt wurde, ist ein Schritt in die richtige Richtung. Aber das heißt noch nicht, dass Manager und Mitarbeiter einander wirklich Feedback geben und sich gegenseitig beurteilen. Ein Manager sagt dazu: »Es ist unglaublich schwierig, Mitarbeitern echtes Feedback zu geben.« Und trotzdem sind es gerade die Manager auf den unterschiedlichen Organisationsebenen, die selbst für das Feedback verantwortlich sind. Deshalb werden alle Mitarbeiter von Zwitserleven darauf trainiert. Dieses Feedback-Training findet in Zusammenarbeit mit Schauspielern statt. Diese spielen gute und schlechte Beurteilungsgespräche nach. Dazu ein Manager:

»Bei einigen Gesprächen sträubten sich mir die Haare. Sie halten einem einen Spiegel vor.« Danach müssen die Mitarbeiter sich selbst im Feed-back-Geben üben. Sowohl positives als auch negatives Feedback muss ge-geben werden können. Die Mitarbeiter und Manager werden jetzt be-züglich der drei Ziele beurteilt, die sie sich selbst vorgenommen hatten, sowie auf die Entwicklung unterschiedlicher Kompetenzen, zum Beispiel *Leidenschaft für den Kunden, Einfühlungsvermögen, Professionalität, Ergeb-nisorientierung* und *Kommunikationsfähigkeiten.* Ein Mitarbeiter sagt: »Das Feedback und die Beurteilung sind jetzt viel fairer. Man wird danach be-urteilt, was man geleistet hat. Wer schlampig arbeitet, bekommt kein »Be-friedigend« mehr. Und wer etwas gut gemacht hat, bekommt auch wirk-lich Anerkennung. Ich finde es gut, dass jeder hinsichtlich des erreichten Resultats und seines oder ihres Verhaltens beurteilt wird. Die Beurtei-lungskriterien sind allen klar, und sie sind nicht kompliziert. Jeder wird anhand von drei Ergebnisvereinbarungen und drei Entwicklungsverein-barungen beurteilt. Nicht mehr und nicht weniger. Es ist jetzt viel einfa-cher und durchschaubarer geworden.« Die Mitarbeiter bekommen nicht nur Feedback, sie geben es auch. Mithilfe des 360°-Feedback bekommen sie die Möglichkeit, ihre Manager zu beurteilen.

Die Ernte

Wie steht es mit dem Freudepfeiler »Erlebnismomente«? Die gibt es natürlich, allerdings nicht in der Form von *Fun.* Ergebnisse werden kom-muniziert und Erfolge werden miteinander geteilt und gefeiert. Jedes Vier-teljahr werden die erreichten Ergebnisse mit allen Mitarbeitern besprochen. Es geht dabei nicht nur um finanzielle Ergebnisse, sondern auch um Pro-duktivitätsergebnisse und Ergebnisse auf dem Gebiet von Zufriedenheit von Kunden und Mitarbeitern. Das heißt auch, dass diese regelmäßig ge-messen werden. So wird zum Beispiel jede Woche gemessen, wie viele Pro-zesse innerhalb eines Tages verarbeitet werden. Ende November waren dies bei Zwitserleven 81 Prozent, gegenüber 50 Prozent im Januar.

Auch die Kundenzufriedenheit hat sich verbessert: Laut Umfragen, die Zwitserleven selbst hatte durchführen lassen, stieg die Beurteilung im Be-reich Gewerbekunden von 5,8 auf 6,8 und im Bereich Privatkunden von 6,1 auf 7,0. Diese Zahlen stimmen mit einer NIPO-Studie überein, die jährlich im Auftrag von Verbänden von Versicherungsagenten durchge-führt wird und im Oktober veröffentlicht wurde.

Außerdem wurden durch den Änderungsprozess die Kosten gesenkt und die Effizienz erhöht.

Das Kommunizieren der Ergebnisse und Fortschritte wirkt motivierend. Der Höhepunkt ist im dritten Quartal 2004 erreicht, als die neuesten Zahlen der Kundenzufriedenheitsanalyse veröffentlicht werden. Man sieht eine deutliche Steigerung. Bei der Auswertung dieses verbesserten Ergebnisses erzählt Marco Keim etwas, dass das Ergebnis noch unterstreicht. »Früher kamen unsere Kunden zu uns, um sich zu beschweren. Diese Woche meldete sich wieder ein Kunde beim Empfang. Er fragte, ob er mich sofort sprechen könne. Diesmal war er allerdings vorbeigekommen, um uns ein Kompliment über die Verbesserungen der letzten Zeit zu machen. Und ich habe mir das nicht ausgedacht. Unsere Anstrengungen haben sich gelohnt.«

Rückblick

Sowohl am Beispiel von Zwitserleven als auch im Verlauf dieses Buches haben wir entdeckt, dass Arbeitsfreude sich, gemäß der Value Profit Chain, lohnt. Neben den Auswirkungen, die das Handeln des Einzelnen auf eine Organisation hat und das sich anhand von Zahlen belegen lässt, haben wir auch gesehen, wie wir Arbeitsfreude managen können. Das Konzept Lustmanagement hat bereits viele Manager inspiriert und wird das auch weiterhin tun. Wir sind überzeugt, dass dieses Buch ausreichend Hilfestellungen bietet, um dieses Konzept in Ihrer Organisation umzusetzen. Wir betonen, dass es keine einzig richtige Lösung für Lustmanagement gibt. Jede Organisation muss ihren eigenen Weg finden und ihre eigenen Akzente setzen, um in ihrer einzigartigen Situation erfolgreich zu sein. Das zeigen auch die unterschiedlichen Beispiele in diesem Buch. Vielleicht kennen Sie noch mehr Beispiele von Organisationen, die Lustmanagement verwirklicht haben. Wir freuen uns, wenn Sie uns davon berichten!

Stellen Sie sich die folgenden Fragen

1) Welche Faktoren waren für den Erfolg von Zwitserleven ausschlaggebend? Und was hat mich dabei am meisten angesprochen?

2) Kenne ich aus meinem eigenen Umfeld eine Organisation oder eine Abteilung, der es rundum gut geht? Was kann ich von ihr lernen? Wäre es sinnvoll, einmal mit dem Manager Gedanken auszutauschen und ihn zu fragen, ob er mich coachen oder beraten will?

3) Habe ich ein starkes Rückgrat und kann ich mein Team unter einen Hut bringen, um Lustmanagement zu verwirklichen? Welche Rolle kann ich dabei selbst spielen? Brauche ich dabei Hilfe?

4) Woran kann ich bei meiner Organisation anknüpfen, um Lustmanagement einzuführen? Und welche Rolle spielen betriebswirtschaftliche Kennzahlen bei der Schaffung einer Unternehmenskultur von Lust und Leistung?

Literatur

Augustinus, A.	*Belijdenissen*, vert. A. Sizoo, Meinema, Delft, 1948.
Badura, B./Schell-schmidt H./Vetter C.	*Fehlzeiten-Report 2003*, Springer Verlag, Berlin, 2004.
Bakker, P.	»P&O-ers zijn gefrustreerde mensen«, Interview mit Manfred Kets de Vries, in: *PW*, 15. März 2003.
Becker, B.E./Huselid, M.A./ Ulrich D.	*De HR Scorecard, Business Contact*, Amsterdam, 2001.
Berg, J. v.d./Broek L. v.d./Pijs, S.	*360° feedback als eye-opener*, Kluwer, Deventer, 1997.
Bergen, A. van	*Burn-out in de polder*, in: Gids voor Personeelsmanagement, nummer 6, 2000.
BetterBeYourself	*Jaarverslag Plezier in het werk 2002*, BetterBeYourself, Utrecht, 2003.
Bijlsma, P.	»Aandacht als beloning«, Interview mit Cora Smit, in: *Baak!* 01, Januar/Februar 2003.
Block, P.	*Rentmeesterschap*, Academic Service, Schoonhoven, 1999.
Block, P.	*Het antwoord op Hoe? Is Ja*, Academic Service, Schoonhoven, 2002.
Boer, P. de/ Geelhoed M.J.	»Mijn filosofie, interview met prof.dr. A.P. Bos« in: *Beweging*, Sommer 2003.
Bruel, M./Colsen C.	*De geluksfabriek, Scriptum*, Schiedam, 1998.
Brüggemann, J.D.	*Humanisering van de arbeid, diss. VU*, Amsterdam, 1989.

Butler, T./ Waldroop J.	»Wie Unternehmen ihre besten Leute an sich binden«, in: *Harvard Business Manager*, Oktober 2004, Seiten 92–101.
Collins, J./ Porras J.	*Built to last*, Harper Business, New York, 1997.
Collins, J.	*Good to Great*, Random House, London, 2001.
Colvin, J.	»What's love got to do with it?«, in: *Fortune*, 12 November 2001.
Csikszentmihalyi, M.	*Flow*, Scriptum, Schiedam, 1997.
Dabringhausen, M.	»Gute Organisatoren, aber schlechte Leader«, *in: REFA-Nachrichten*, 1/2003.
Danko, Q.	»Grijze muizen gevraagd«, in: *Intermediair*, 20 März 2003.
DeLong, T.J./Nanda A./ Mullick M.	*Case N9-801-398, &Samhoud Service Management*, Harvard Business School, Boston, 2001.
DeLong, T.J./ Vijayaraghavan V.	»Let's hear it for B Players«, in: *Harvard Business Review*, Juni 2003, pp. 96–102.
Donders, P.	*Kreative Lebensplanung*, Gerth Medien, 2000.
Dooyeweerd, H.	*Wijsbegeerte der Wetsidee*, H.J. Paris, Amsterdam, 1935.
Fritz, H.	*Glücklich im Job*, Eichborn, Frankfurt am Main, 2004.
Gallup	*Initiative für einen starken Mittelstand in Österreich*, 2004, www.gallup.de.
Gallup	*Das Engagement am Arbeitsplatz in Deutschland nach wie vor auf niedrigem Niveau*, The Gallup Organisation, Potsdam, 2004, http://www.presseportal.de/story.htx?nr=607670&search=engagement,index, 2004.
Gerbert, F.	»Wege zur Glücks-AG«, in: *Focus* 7, 2004, Seite 117–124.
Gerken, G.	*Management by love*, Econ, München, 1992.

Geus, A. de	*De levende onderneming*, Scriptum, Schiedam, 1997.
Gittel, J.H.	*The Southwest Airlines Way*, McGraw-Hill, New York, 2003.
Göggelmann, U./ Hauser F.	*Deutschlands Beste Arbeitgeber*, FinanzBuch Verlag, München, 2004.
Hamaker, G.	*De kunst van zinvol werken*, Scriptum, Schiedam, 1998.
Hemsath, D./Yerkes L./ McQuillen D.	*301 ways to have fun at work*, Berrett-Koehler, San Francisco, 1997.
Herzberg, F.	»Een aloude vraag: hoe motiveert men zijn medewerkers?«, in: *Harvard Classic*, Organisatie & Personeelsmanagement, Borsen, Amsterdam/Brussel, 1988. Ursprünglicher Artikel in *Harvard Business Review*, Januar/Februar 1968.
Heskett, J.L.	Case 9-388-064 rev.6/88 *Servicemaster Industries Inc.*, Harvard Business School, Boston, 1987.
Heskett, J.L./ Sasser, W.E./ Schlesinger L.A.	*The Service Profit Chain*, The Free Press, New York, 1997.
Heskett, J.L.,/ Sasser W.E. Schlesinger L.A.	*The Value Profit Chain*, The Free Press, New York, 2003.
Heskett, J.L.	Case N9-803-133, Southwest Airlines 2002: *An Industry Under Siege*, Harvard Business School, Boston, 23 Januar 2003.
Hoffmann, K./ Koop B.	»Die Employee-Quality-Customer Chain«, in: *Mannheimer Beiträge zur Wirtschafts- und Organisationspsychologie*, 10 (1),3-8.
Kaplan, R.S./ Norton D.P.	*Balanced Scorecard*, HBS Press, Boston, 1996.
Kaplan, R.S./ Norton D.P.	*Strategy Maps*, HBS Press, Boston. 2003.
McKean, J.	*Customers are people*, John Wiley, New York, 2002.

McKee, R.   »Storytelling that moves people: a conversation with
                             screenwriting coach Robert McKee«, in: *Harvard Bu-
                             siness Review*, Juni 2003, Seite 51–55.

Kets de Vries, M.   *Leiderschap van wereldklasse*, Nieuwezijds, Amster-
                             dam, 1998.

Kets de Vries, M./   »The downside of downsizing«, in: *Human Relations*,
Balazs K.   1977 (50).

Kets de Vries, M.   *Worstelen met de demon*, Nieuwezijds, Amsterdam,
                             1999.

Killian, K./Perez F./   *Ricardo Semler and Semco S.A.* Case A07-98-
Siehl C.   0024,Thunderbird, American Graduate School of In-
                             ternational Management, 1998.

Koster, J./Stolze P.   *Heeft u al een missie en een visie?*,
                             www.managementsite.net.

Kotter, J.P./   *The Heart of Change*, HBS Press, Boston, 2002.
Cohen D.

Kouwenhoven, C.P.M./   »Mens moet centraal blijven«, in: *Gids voor Per-
Geelhoed M.J./   soneelsmanagement*, Februar 2003.
Husson L.

Krebs Hirsch, S./   *Introduction to Type*, Alert, Brussel, 1998.
Kummerow Jean M.

Landsberg, M.   *De Tao van het coachen*, Academic Service, Schoonho-
                             ven, 1998.

Leendertse, J.   »Raum für Visionen«, in *Wirtschaftswoche* Nr. 43,
                             14.10.2004.

Lier, M. van   *Nooit meer werken*, Het Spectrum, Utrecht, 1998.

Lundin, S./Christen-   *Fish!*, Goldmann, München, 2003.
sen, C./Paul, H.

Mair, J.   *Schluß mit Lustig*, Eichborn, Frankfurt am Main,
                             2002.

Maister, D.   *Maak waar wat je zegt, Academic Service*, Schoonho-
                             ven, 2001.

Manville, B./Ober J.	»Beyond empowerment: building a company of citizens«, in: *Harvard Business Review*, Januar 2003, Seite 48–53.
Meijsen, J.	»Hoe Wal-Mart het succesvolste bedrijf ter wereld werd«, in: *Bizz*, 18 Oktober 2002.
Mooijman, E.A.M.	»Door zelf met de veranderaanpak bezig te zijn, maakten we ons de gewenste cultuur al eigen«, interview mit Peggy Viewegher in: *HRD Magazine* Nr. 11, November 2002.
Peters, J.	*De intensieve menshouderij*, www.managementsite.net.
Pfau, B.N./Kay I.T.	*The human capital edge*, McGraw-Hill, New York, 2002.
Pfeffer, J./O'Reilly C.	*Hidden Value*, HBS Press, Boston 2000.
Pine, B.J./ Gilmore, J.H.	*De beleveniseconomie*, Academic Service, Schoonhoven, 2000.
Plomp, J.	*Werken met plezier*, Thema, Zaltbommel, 2000.
Reeves, R.	*Happy mondays; putting the pleasure back into work*, Perseus/Momentum, Oxford 2001.
Reijntjes, J.	»We moeten een systeem voor ideeënmanagement ontwikkelen«, Interview mit Jeff Gaspersz in: *HRD Magazine* Nr. 6, Juni 2002.
Roseboom, M.T.A.S.	*What is the role of leadership in service organizations*, Scriptie Universiteit Maastricht, 2002.
Rucci, A.J./Kirn S.P./ Quinn R.T.	»The employee-customer-profit chain at Sears«, in: *Harvard Business Review*, Januar-Februar 1998, Seite 83–97.
Rumpf, T.	»Unter Jürgen macht es Spaß«, in *Morgenpost*, 8.10.2004, *http://morgenpost.berlin1.de/ archiv2004/041008/sport/story708475.html*.
Schaftenaar, E.	»Met plezier jezelf zijn, Best practice«, in: *Uit In*, magazine voor alle medewerkers, AMEV, Utrecht, März 2002.

Schein, E.H.	*Organizational culture and leadership*, Jossey-Bass, San Francisco, 1992.
Schneider, B./ Bowen D.E.	»The service organization: Human resources management is crucial«, in: *Organizational Dynamics*, 21, 1993, Seite 39–52.
Schrijvers, J.	*Das Ratten-Prinzip*, Goldmann, München, 2003.
Schürmann, M.	*Dekorationsindex 0,01*, NZZ Folio, 2003,10.
Schutte, A.	»Lol in je werk heeft grenzen«, in: Intermediair, 10 April 2003.
Semler, R.	*Das Semco-System; Management ohne Manager*, Heyne, München, 1993.
Semler, R.	*The Seven-Day Weekend*, Century, London, 2003.
Senge, P.	*De vijfde discipline*, Scriptum, Schiedam, 1992.
Sennett, R.	*De flexibele mens*, Byblos, Amsterdam, 2000.
Smilde, M.	»Doen als in het jubeljaar«, in: *Trouw*, 11 Dezember 2001.
Stehling, W.	*Leadership mit Lust und Leistung*, Moderne Industrie, München, 2002.
Stüdi, D.	»Leadership in der ›Klimaveränderung‹«, in: *Women and Finance*, Bank Vontobel AG, Zürich, Nr 29/2003
Suskind, R.	»Humor has returned to Southwest Airlines«, in: *The Wall Street Journal*, 13. Januar 2003.
Tamkin, Hillage P.J./ Cummings J.	*Doing Business Better. The Long Term Impact of Investors in people*, IiP, London, 2000.
Terpstra, D.	»Wat is er aan de hand?«, in: *Heel de mens; op zoek naar balans*, Hagé/CSC, Amsterdam/Doorn, 2002, Seite 53–59.
Thijssen, W.	»Niemand dacht: dit móet eens misgaan«, Interview mit Antony Burgmans, in: *Volkskrant*, 15. Februar 2003.
Thoenes, P.	»Arbeid als keuze«, in: *Rekenschap*, Juni 1978.

Tichy, N.M./ Devanna M.A.	*De transformationale manager*, Sijthoff, Amsterdam, 1986.
Tiggelaar, B.	»Niet dromen, maar doen«, in: *Forward*, magazine voor ambitieuze ondernemingen, März 2003.
Towers Perrin	*New realities in today's workforce*, Talent Report, 2001.
Towers Perrin	*Reconnecting with Employees*, Deutschland-Bericht, 2004.
Visser, R.	»Cijfers kunnen veel zeggen over mensen«, Interview mit Peter Uytdehage, in: *Personeelbeleid* Nr. 2, Februar 2003.
Vries, H.J. de	*Kwaliteitszorg zonder onbehagen*, Buijten & Schipperheijn, Amsterdam i.s.m. KDI, Rotterdam, 1999.
Watson Wyatt Brans & Co.	*De Human Capital Index*, Amsterdam, April 2001.
Weinstein, M.	*Managing to have fun*, Fireside, New York, 1997.
Weisner, J.	*Job & Joy*, Econ, München, 2001.
Welch, J.	*Waar het om gaat*, Het Spectrum, Utrecht, 2001.
Witteloostuijn, A. van	*De anorexiastrategie. Over de gevolgen van saneren*, De Arbeiderspers, Amsterdam/Antwerpen, 1999.
Wolf, M.J.	*The Entertainment Economy*, Times Books, New York, 1999.
Wolfe, T.J.	*The right stuff*, Bantam, New York, 2001.
&Samhoud	*Pleziermanagement*, Service Management Magazine 2, Utrecht, April 2000.
&Samhoud	»Fluitend naar je werk«, Interview mit Adri Dorrestein, in: *Service Management Magazine 2*, Utrecht, April 2000.
&Samhoud	»Op leiderschapssafari«, Interview mit Manfred Kets de Vries & Tom DeLong, in: *Service Management Magazine 4*, Utrecht, Dezember 2000.
&Samhoud	»Werk als belevenis«, in: *Service Management Magazine 5*, Utrecht, Juni 2001.

&Samhoud   *People Leadership*; een onderzoek naar HRM bij
                    dienstverleners, Utrecht, 2002.

&Samhoud   »Behandel medewerkers als klanten en klanten als
                    medewerkers«, Interview mit Jim Heskett & Leonard
                    Schlesinger, in: *&Samhoud Magazine 8*, Utrecht, Mai
                    2003.

&Samhoud   »Medewerkers als sleutel voor een geslaagde fusie´«,
                    Interview mit Adri Dorrestein, in: *&Samhoud Magazi-
                    ne 8*, Utrecht, Mai 2003.

&Samhoud   »Empresa impressionante«, Interview mit Luis Hue-
                    te, in: *&Samhoud Magazine 8*, Utrecht, Mai 2003.

&Samhoud   *BetterBeYourself*, Jaarverslag Plezier & prestatie 2003,
                    Utrecht, März 2004.

Register